林草数字化技术系列丛书

林业数据治理
框架、技术与实践

林寿明 秦 琳 李 涛 主编

中国林业出版社
China Forestry Publishing House

图书在版编目（CIP）数据

林业数据治理框架、技术与实践/林寿明，秦琳，李涛主编．—北京：中国林业出版社，2022.10

ISBN 978-7-5219-1973-8

Ⅰ.①林⋯　Ⅱ.①林⋯　②秦⋯　③李⋯　Ⅲ.①林业—数据管理—研究　Ⅳ.①S7

中国版本图书馆 CIP 数据核字（2022）第 219872 号

策划编辑：李　顺
责任编辑：王思源　李　顺
封面设计：传奇书装

出版发行：中国林业出版社
　　　　　（100009，北京市西城区刘海胡同7号，电话83223120）
电子邮箱：cfphzbs@163.com
网址：www.forestry.gov.cn/lycb.html
印刷：北京中科印刷有限公司
版次：2022年10月第1版
印次：2022年10月第1次
开本：787mm×1092mm　1/16
印张：7.5
字数：130千字
定价：88.00元

《林业数据治理框架、技术与实践》
编 委 会

主　编　林寿明　秦　琳　李　涛

副主编　刘新科　黄宁辉　黎　明　黎　珂

编　委（按姓氏笔画排名）

丁　胜　邓诗泉　叶金盛　吕勇洪　杜　维
李晓翠　李爱英　杨志刚　余松柏　余康乐
张水花　陈志敬　陈海亮　陈　鑫　郑洁玮
屈　明　孟先进　胡圣元　钟玉玲　贺银林
徐　迅　彭展花　简　阳　薛亚东　魏安世

序

山水林田湖草沙是一个生命共同体。在数字中国建设已上升为国家战略的背景下，时代的发展要求林草行业加快数字化改革。只有深化林草数字化转型，才能更准确地掌握林草行业资源及其动态变化，更好地助力林草行业高质量发展，更高效地开展生态保护与修复工作，广泛普及生态知识，培育生态意识，树立起牢固的生态文明观。

深化林草数字化转型，需要充分利用物联网、大数据、人工智能、云计算、数字孪生、移动互联网等新一代信息技术手段，转变林草资源监督和生态保护思路，推进"天空地人网"一体化生态感知体系和智慧林业发展，实现林草资源万物互联、立体感知、协同监管和智能服务，全面提升林草行业治理体系和治理能力现代化水平，开创现代林草高质量发展新模式。

广东省林业调查规划院为推动林草领域数字化优化升级，围绕数据治理、智能解译和数据管理发布等方面开展了相关技术研究和应用。其中"林草数字化技术系列丛书"是重要的研究成果之一，凝聚了林草一线科技工作人员的智慧。丛书很好地反映和展现了林草数字化改革建设的最新进展和应用实践，对于林草数字化转型落地具有重要意义，相信丛书的出版对于我国广大从事林草资源管理、林草信息化教学、科研和生产实践人员具有很高的参考价值。

中国科学院院士 唐守正

前　言

《中华人民共和国国民经济和社会发展第十四个五年规划和 2035 年远景目标纲要》中提出，迎接数字时代，激活数据要素潜能，推进网络强国建设，加快建设数字经济、数字社会、数字政府，以数字化转型整体驱动生产方式、生活方式和治理方式变革。当前，数字中国建设已经上升为国家战略，数据也日益成为重要的战略资源和生产要素，如何充分发挥数据价值、挖掘数据潜力、全面释放数据服务能力，数据治理这一概念应运而生。开展数据治理，构建科学治理体系，发挥数据的真正潜力和价值，才能为数字中国建设筑牢根基。

新时代的发展要求林业要加快数字化改革，生态文明建设要求林业要充分运用云计算、物联网、大数据、移动互联网和第五代移动通信技术（5G）等新一代信息技术手段，推进"天空地人网"一体化生态感知体系和智慧林业发展，以信息化手段助力防灾减灾、监督管理，实现"早发现、早预警、早处置"。因此，加强林业数据治理是推进林业治理体系和治理能力现代化、实现林业高质量发展和高效能发展的迫切需求。

本书编委团队紧扣当前林业数据治理的工作重点和技术热点，首次提出了林业资源一体化数据治理概念，梳理了林业数据治理的框架模型、实施路径和技术手段，并以广东省林业资源一体化数据治理作为应用实例，经过多轮修订完善，最终形成了《林业数据治理框架、技术与实践》。本书可为林业信息化建设、林业数据管理以及林业数据治理专项研究等人员提供学习参考，为提升林业数据管理和决策水平、增强数据可信度、提高数据服务能力等提供技术支撑。

全书共分为 5 个章节。第 1 章为数据治理概述，介绍数据治理概念以及研究历程等内容；第 2 章为数据治理框架，在分析国内外前沿的框架模型后，按照我国林业数据实际情况设计林业数据治理框架；第 3 章为林业数据治理技术，按照林业信息化建设要求，总结林业数据治理关键技术；第 4 章为林业数据治理实践，以广东省林业资源一体化数据治理为基础，全面开展林业数据治理实践与效果评价；第 5

章为应用与展望，是在应用实践的基础上，对未来林业数据治理工作提出展望。

  本书在编写过程中，参考了许多学者、专家的论文和专著，同时，也得到了广东省林业局、广东省林业事务中心、广东省岭南院勘察设计有限公司、北京吉威数源信息技术有限公司等单位的支持和协助。在此，向所有给予本书帮助的各位领导、专家和同仁表示衷心感谢。由于编者水平有限，书中难免有疏漏和不足之处，敬请有关专家和广大读者批评指正。

编　者

2022 年 8 月

目 录

序
前言

第 1 章 数据治理概述 ... 1
1.1 数据治理的概念 ... 1
1.2 数据治理的研究历程 ... 3
1.3 数据治理相关术语 ... 5
1.4 数据治理相关技术 ... 7
1.5 我国政务数据治理概述 ... 10

第 2 章 数据治理框架 ... 15
2.1 国际数据治理框架模型 ... 16
2.1.1 DAMA 数据管理模型 ... 16
2.1.2 DGI 数据治理模型 ... 17
2.1.3 ISO 数据治理模型 ... 18
2.1.4 Gartner 数据治理模型 ... 20
2.1.5 ISACA 数据治理模型 ... 21
2.2 我国数据治理框架模型 ... 22
2.2.1 中国《数据治理白皮书》数据治理模型 ... 22
2.2.2 国家标准化管理委员会数据治理框架 ... 24
2.3 林业数据治理框架设计 ... 26
2.3.1 林业数据治理需求 ... 26
2.3.2 林业数据治理目标 ... 27
2.3.3 总体框架设计 ... 28

　　　　2.3.4　数据治理内容 ·· 32

第 3 章　林业数据治理技术 ·· 36

　　3.1　林业信息化建设要求 ·· 36
　　3.2　林业数据治理要素分析 ·· 38
　　3.3　林业数据治理关键技术 ·· 41
　　　　3.3.1　数据资源目录动态构建技术 ······································ 41
　　　　3.3.2　数据自动化整合与质检技术 ······································ 43
　　　　3.3.3　模型驱动数据管理技术 ·· 45
　　　　3.3.4　矢量瓦片服务发布技术 ·· 47
　　　　3.3.5　大数据处理技术 ·· 49
　　　　3.3.6　数据挖掘技术 ·· 50
　　　　3.3.7　数据安全技术 ·· 53

第 4 章　林业数据治理实践 ·· 56

　　4.1　广东省林业数据治理需求 ·· 56
　　4.2　当前阶段主要问题 ·· 57
　　　　4.2.1　数据管理不完全 ·· 57
　　　　4.2.2　数据治理不充分 ·· 58
　　　　4.2.3　数据服务不完善 ·· 59
　　4.3　数据治理内容 ·· 60
　　4.4　数据治理程序 ·· 62
　　　　4.4.1　数据资源目录建设 ·· 62
　　　　4.4.2　标准规范框架建设 ·· 63
　　　　4.4.3　数据汇集 ·· 65
　　　　4.4.4　数据整合 ·· 67
　　　　4.4.5　质量控制 ·· 75
　　　　4.4.6　数据建库 ·· 83
　　　　4.4.7　数据更新共享 ·· 87
　　4.5　数据治理安全管理 ·· 90
　　　　4.5.1　环境安全 ·· 90

            4.5.2　数据安全 …………………………………………………… 90
            4.5.3　体系建设 …………………………………………………… 91
    4.6　系统应用 ………………………………………………………………… 92
            4.6.1　系统设计 …………………………………………………… 92
            4.6.2　应用效果 …………………………………………………… 95
    4.7　实践效果 ………………………………………………………………… 99

第 5 章　应用与展望 ……………………………………………………… 102

    5.1　推动应用 ………………………………………………………………… 102
    5.2　展望未来 ………………………………………………………………… 103

参考文献 ………………………………………………………………………… 106

第 1 章 数据治理概述

当前,发展数字经济、建设数字中国已上升为国家战略。数字经济是继农业经济、工业经济之后的主要经济形态,是以数据资源为关键要素,以现代信息网络为主要载体,以信息通信技术融合应用、全要素数字化转型为重要推动力,促进公平与效率更加统一的新经济形态。在数字经济时代,数据作为驱动经济社会发展的新引擎,成为最重要的生产要素之一。从生产到生活,从工业到服务业,从产业端到消费端,越来越多的东西呈现出了数据化的态势,数字已经开始重新定义一切。为充分发挥数据价值,加快数字化转型,各行各业都在积极开展数据治理。那么,什么是数据治理?数据治理发展到了什么地步?数据治理究竟如何"治",又该怎样"理"?

本章对数据治理相关基础性内容进行了介绍,包括数据治理的时代背景和精神内涵、数据治理的研究历程,以及目前常用的数据治理相关术语与技术,并着重介绍了我国政务数据治理的发展现状,最后强调数据治理不单单指某项具体的数据处理工作,而是一个完整的数据管理体系,是充分发挥数据潜力、释放数据价值、提升数据管理水平和全面实现数据共享应用的全流程保障。

1.1 数据治理的概念

当今时代,新一轮科技革命和产业变革方兴未艾,以互联网、大数据、人工智能等为代表的数字技术向经济社会的各领域全面渗透,推动数字经济时代加速到来,数字技术已经成为全球竞争的制高点[1]。

毋庸置疑，数据作为这次产业革命的核心生产要素，其重要战略资源地位和核心科学决策作用已日渐凸显。数字化转型将重新定义生产力和生产关系，通过培养掌握新型生产技能的劳动者，使用新型生产工具，加工处理新型生产要素，防范新型安全风险，提升生产力和生产效率，潜移默化地改变着人们的生产方式和生活方式，创造新的社会价值和经济价值，推动人类社会更加繁荣昌盛。而数据化的基石就是高价值数据，提升数据价值，数据治理是必需的手段。

由于切入视角和侧重点不同，业界给出的数据治理定义已有十几种，到目前为止尚未形成一个统一标准的定义。在已有的定义中，最具代表性和权威性的定义有以下几种。

国际数据管理协会（Data Management Association，简称 DAMA）给出的定义：数据治理是对数据资产管理行使权力和控制的活动集合。数据治理功能指导其他数据管理功能的执行，数据治理在更高层次上执行数据管理[2]。

国际数据治理研究所（The Data Governance Institute，简称 DGI）给出的定义：数据治理是一个通过一系列信息相关的过程来实现决策权和职责分工的系统，这些过程按照达成共识的模型来执行，该模型描述了谁（who）能根据什么信息，在什么时间（when）和情况（where）下，用什么方法（how），采取什么行动（what）[3]。

我国在 GB/T 35295—2017《信息技术 大数据 术语》中将数据治理定义为：对数据进行处置、格式化和规范化的过程。认为数据治理是数据和数据系统管理的基本要素；数据治理涉及数据全生命周期管理，无论数据是处于静态、动态、未完成状态还是交易状态[4]。GB/T 34960.5—2018《信息技术服务 治理 第 5 部分：数据治理规范》中给出的定义为：数据治理是数据资源及其应用过程中相关管控活动、绩效和风险管理的集合[5]。

上面的定义非常简洁和概括，但读起来会觉得有些抽象。为了方便理解，本书从以下 3 个方面来解释数据治理的概念内涵。

① 明确数据治理的目标就是在管理数据资产的过程中，确保数据的相关决策始终是正确、及时和有前瞻性的；确保数据管理活动始终处于规范、有序和可控的状态；确保数据资产得到正确有效的管理，并最终实现数据资产价值的最大化。

② 数据治理的职能应该从两个角度来理解，一是从决策的角度，数据治理的职能是回答数据相关事务的决策过程中所遇到的问题，即为什么、什么时间、在哪些领域、由谁做决策，以及应该做哪些决策；二是从具体活动的角度，数据治理的职

能是评估数据利益相关者的需求、条件和选择以达成一致的数据资源获取和管理的目标，通过优先排序和决策机制来设定数据管理职能的发展方向，然后根据方向和目标来监督数据资源的绩效与合规性。

③ 把握数据治理的核心。虽然数据治理的定义很多很杂，但有一点在学术界已基本达成共识，即数据资产管理的决策权分配和职责分工是数据治理的核心。数据治理并不涉及具体的管理活动，而是专注于通过什么机制才能确保做出正确的决策。决策权分配和职责分工就是确保决策正确有效的核心机制，自然也就成为数据治理的核心。

结合本书的研究内容，数据治理本质上就是将多源异构数据汇集整合，提高数据质量（准确性和完整性），保证数据安全（保密性和可用性），实现数据资源在各组织机构部门的共享，推进信息资源的整合、对接、共享和综合应用，从而提升各类组织决策、管理、服务水平，充分发挥信息化在经营管理中的作用。数据治理是一个管理体系，包括组织、制度、流程以及工具等。

1.2 数据治理的研究历程

1992 年，28 位国际知名人士发起成立了全球治理委员会（Commission on Global Governance），该委员会在 1995 年的报告中阐述了治理（governance）的概念，认为"治理"是公共或私人的个体与组织处理其公共事务的多种方式的总和。这意味着治理的参与者们互相构成了一个基于信任、互利原则的社会协调网络，政府与民间、公共部门与私人部门、机构和个人之间持续地合作、互动，从而实现特定的公共管理职能。这一理论应用于数字或数字经济领域，并没有太大的问题，数字经济是传统经济和社会发展的网络化、数字化映射，其道理是相通的。

根据互联网数据中心（Internet Data Center，简称 IDC）监测，人类产生的数据量正在呈指数级增长，大约每两年翻一番。这意味着人类在最近两年产生的数据量相当于之前产生的全部数据量，大数据时代应运而生，面对如此庞大的数据，如何消除数据孤岛、挖掘数据价值、更好地管理和使用这些数据，逐渐成为一个新的领域。

"数据治理"的概念最早可以追溯到 2004 年，起因是 H. Watson 探讨了"数据仓库治理"在 Blue Cross 和 Blue Shield of North Carolina 两家公司的最佳实践，由此拉开了"数据治理"在企业管理中的大幕。在早期阶段,数据治理被广泛用于企业管理领域,Otto 认为数据治理是"组织中与数据相关事务的决策权及相关职责的分配"[6]。同年,非营利组织国际数据管理协会(DAMA)成立,以提升数据管理行业的专业意识。2005 年之后,陆续有学者对"数据治理"展开研究,讨论了数据治理环境下企业、政府、医院的职能角色、模型、框架、因素与机制等。2008 年,国际标准化组织(International Organization for Standardization,简称 ISO)又围绕数据治理和数据管理(ISO/IEC 2008)提出差异化概念。2009 年,国际数据管理协会(DAMA)发布了数据管理知识体系 DMBOK1.0,提出 DAMA 数据管理理论框架模型,成为当时行业内权威的数据管理理论模型。到 2013 年,震惊全球的美国"棱镜门"事件爆发,引发了世界各国对个人数据权利的思考,人们逐渐意识到以传统关系型数据库为核心的数据存储与处理技术无法适应多元、异构、海量、高时效等大数据特征和应用需求,因而逐渐加大了对数据治理的研究。

在国内,2008 年,复旦大学竺乾威教授在其出版的著作《公共行政理论》一书中系统译介了 Patrick Dunleavy 关于数字治理理论的观点,自此数字治理的研究开始进入国内学者的视野。之后,相关学者在大数据时代数据治理的新范式,政务数据治理的精简、精准与智慧,高等教育数据治理,图书馆数据治理等方面开展了理论探索。2015 年 5 月,工业和信息化部电子工业标准化研究院发布了《数据治理白皮书》国际标准研究报告,在报告中提出了数据治理模型和框架。2017 年,中国信息通信研究院发布《数据资产管理白皮书》,白皮书站在企业角度,结合数据资产管理在各个行业的发展现状,参考国内外数据资产管理理论框架,总结了数据资产管理的关键活动职能和保障措施,指导企业如何盘活数据,通过评估数据价值,控制数据成本、创新数据应用和服务等。2018 年 4 月,国家大数据标准化工作组发布了国家标准《数据管理能力成熟度评估模型》(简称《DCMM 模型》),标准号为 GB/T 36073—2018,这是我国首个数据管理领域的国家标准,将组织内部数据能力划分为 8 个重要组成部分,描述了每个组成部分的定义、功能、目标和标准。2018 年 5 月,中国银行保险监督管理委员会发布的《银行业金融机构数据治理指引》提出,银行业金融机构应当将数据应用嵌入到业务经营、风险管理和内部控制的全流程,有效捕捉风险,优化业务流程,实现数据驱动银行发展,使商业银行的数据治理工作有了明确的规范和依据。

总体看来,国外数据治理研究的成果主要集中在数据治理理论框架模型的设计、跨领域数据治理价值的讨论、基于不同框架模型的驱动实践探索等方面。而国内数据治理起步较晚，大量研究主要借鉴了国外数据治理的思想，但随着"数字中国"建设步伐的不断加速和数字经济的进一步发展，数据治理必将成为国家治理的核心议题，以推动智慧社会更快到来。

1.3 数据治理相关术语

（1）数据模型

数据模型（data model），经常简称为模型，是现实世界数据特征的抽象，用于描述一组数据的概念和定义。数据模型从抽象层次上描述了数据的静态特征、动态行为和约束条件。数据模型所描述的内容有3部分：数据结构、数据操作（其中实体—联系模型中无数据操作）和数据约束，形成数据结构的基本蓝图，也是组织数据资产的战略地图。数据模型按不同的应用层次分为主题域数据模型、概念数据模型、逻辑数据模型、物理数据模型4种类型。

（2）元模型 & 元数据

元模型（meta model）是关于模型的模型，是描述某一模型的规范，具体来说就是组成模型的元素和元素之间的关系。元模型是相对于模型的概念，离开了模型，元模型就没有了意义。

元数据（meta data），又称中介数据、中继数据，是描述数据的数据（data about data），主要是描述数据属性（property）的信息，用来支持如指示存储位置、历史数据、资源查找、文件记录等功能。元数据是关于数据的组织、数据域及其关系的信息，简而言之，就是关于数据的数据。一般来讲，元数据可以分为业务元数据、技术元数据和操作元数据（也有分类为管理元数据）。

数据模型、元模型、元数据之间的关系：模型是数据特征的抽象，是组建元模型的理论基础；元模型是元数据的模型，是存储元数据的数据模型，由于元数据的多样性，不同类型及子类对应的元模型也不尽相同，需要根据具体的元数据进行设计。

（3）数据标准

数据标准（data standards）是指保障数据的内外部使用和交换的一致性和准确性的规范性约束。在数字化过程中，数据是业务活动在信息系统中的真实反映。由于业务对象在信息系统中以数据的形式存在，数据标准相关管理活动均需以业务为基础，并以标准的形式规范业务对象在各信息系统中的统一定义和应用，以提升组织在业务协同、监管合规、数据共享开放、数据分析应用等各方面的能力。数据标准是一个从业务、技术、管理三方面达成一致的规范化体系，同时也是建立一套符合自身实际，涵盖定义、操作、应用多层次数据的标准化体系。它包括基础类数据标准和指标类数据标准。

（4）数据质量

数据质量（data quality）是保证数据应用效果的基础，是描述数据价值含量的指标。衡量数据质量的指标体系有很多，典型的指标有：完整性（数据是否缺失）、规范性（数据是否按照要求的规则存储）、一致性（数据的值是否存在信息含义上的冲突）、准确性（数据是否错误）、唯一性（数据是否重复）、时效性（数据是否按照规定时间要求进行上传）。

（5）数据交换

数据交换（data switching）是基于数据中台、数据仓库、数据治理的场景下，不仅是指在多个数据终端设备（data terminal equipment，简称DTE）之间，为任意两个终端设备建立数据通信临时互联通路的过程；还是指将分散建设的若干应用信息系统中的数据进行整合，使若干个应用子系统进行信息/数据的传输及共享，提高信息资源的利用率，成为进行信息化建设的基本目标，保证分布异构系统之间互联互通。简单理解，当前的数据交换主要将应用系统产生的数据，通过数据卸数、数据装数完成异构数据库（源）之间的互联互通。常见的数据交换模式有库到库、库到文件、文件到库、文件到文件。

（6）数据服务

数据服务（data service），即通过服务化包装，以服务接口的方式对业务系统提供数据。数据服务除了将原来散布各处的数据服务整合，实现数据服务的统一对接及出口，也可以支持基于数据服务配置数据应用程序编程接口（application programming interface，简称API），通过统一接入、统一管理的方式，实现全组织级数据服务的发布、申请、对接调用、鉴权、监控、限流管控，从而实现数据服务的统一管控。数据服务是从系统应用层面为数据使用方提供安全、统一的数据。

（7）数据生命周期

任何事物都具有一定的生命周期，数据也不例外。数据生命周期（data life cycle）是从数据的产生、加工、使用乃至消亡，基于一个科学的管理办法，将极少或者不再使用的数据从系统中剥离出来，并通过核实的存储设备进行保留，不仅能够提高系统的运行效率，更好地服务客户，还能大幅度减少因为数据长期保存带来的储存成本。

数据生命周期一般包含在线阶段、归档阶段（有时还会进一步划分为在线归档阶段和离线归档阶段）、销毁阶段三大阶段，管理内容包括建立合理的数据类别，针对不同类别的数据制定各个阶段的保留时间、存储介质、清理规则和方式、注意事项等。

（8）数据开发

数据开发（data development）指围绕数据全生命周期打造全流程统一标准化工具的能力，是对数据模型设计，数据加工处理，程序开发、测试、上线等进行统一管理的活动。一般情况下，数据开发包含离线开发和实时开发。离线开发，又叫作离线数据开发，指通过编制数据加工表达式处理昨天或者更久前的数据，时间单位通常是天、小时。实时开发，又叫作实时数据开发，是处理即时收到的数据，时效主要取决于传输和存储速度，时间单位通常是秒、毫秒。

（9）数据安全

数据安全（data security）为数据处理系统建立和采用的技术及管理的安全进行保护，保护计算机硬件、软件和数据不因偶然和恶意的原因遭到破坏、更改和泄露。由此，计算机网络的安全可以理解为：通过采用各种技术和管理措施，使网络系统正常运行，从而确保网络数据的可用性、完整性和保密性。

（10）数据目录

数据目录（data directory）是数据保护工作中的一个关键部分，是建立统一、准确、完善的数据架构的基础，是实现集中化、专业化、标准化数据管理的基础，也是数据资产盘点重要的依据。

（11）数据分级

数据分级（data classification），又称敏感等级，是指在数据分类的基础上，采用规范、明确的方法区分数据的重要性和敏感度差异，按照一定的分级原则对其进行定级，从而为组织数据的开放和共享安全策略的制定提供支撑的过程。

1.4 数据治理相关技术

数据治理相关技术就是在数据治理的过程中所用到的技术工具，其中主要包括数据规范、数据清洗、数据交换、数据集成、数据质量控制、数据安全等技术。

(1) 数据规范技术

数据治理的处理对象是海量分布在各个系统中的数据，这些不同系统的数据往往存在一定的差异：数据代码标准、数据格式、数据标识都不一样，甚至可能存在错误的数据。这就需要建立一套标准化的体系，对这些存在差异的数据统一标准，使其符合行业的规范，能够在同样的指标下进行分析，保证数据分析结果的可靠性。数据的规范化能够提高数据的通用性、共享性、可移植性及数据分析的可靠性。所以，在建立数据规范时要具有通用性，遵循行业的或者国家的标准。数据治理过程中可使用的数据规范方法有：规则处理引擎、标准代码库映射。

(2) 数据清洗技术

数据质量一般由准确性、完整性、一致性、时效性、可信性以及可解释性组成，高质量数据是数据治理的基础。数据清洗是对数据进行重新审查和校验的过程，目的在于删除重复信息、纠正存在的错误，并检查数据一致性。

数据清洗从名字上也看得出就是把"脏"的数据"洗掉"，发现并纠正数据中可识别的错误，包括检查数据一致性、处理无效值和缺失值等。因为数据仓库中的数据是面向某一主题的数据集合，这些数据从多个业务系统中抽取而来而且包含历史数据，避免不了有的数据是错误数据、有的数据相互之间有冲突，这些错误的或有冲突的数据显然是用户不想要的，称为"脏数据"。要按照一定的规则把这些数据"洗掉"，这就是数据清洗。而数据清洗的任务是过滤那些不符合要求的数据，将过滤的结果交给业务主管部门，以确认是否过滤掉或是由业务单位修正之后再进行抽取检查。不符合要求的数据主要是有不完整的数据、错误的数据、重复的数据三大类。数据清洗方法主要包括属性错误检验与清洗、不完整数据清洗、相似重复记录识别和清洗。

(3) 数据交换技术

数据交换是将符合一个源模式的数据转换为符合目标模式数据的过程，该目标模式尽可能准确并且以与各种依赖性一致的方式反映源数据。数据整合是平台建设的基础，涉及多种数据的整合手段，其中，数据交换需要定义一套通用的标准，基于此标准实现各个系统之间数据的共享和交换，并支持未来更多系统与平台的对接。数据交换概括地说有协议式交换和标准化交换两种实现模式。

(4) 数据集成技术

在各类组织中，由于开发时间或开发部门的不同，往往有多个异构的、运行在不同的软硬件平台上的信息系统，这些系统的数据源彼此独立、相互封闭，使得数据难以在系统之间交流、共享和融合，从而形成了"信息孤岛"。随着信息化应用的不断深入，各类组织内部、外部信息交互的需求日益强烈，急切需要对已有的信息进行整合，联通"信息孤岛"，共享信息。数据集成技术是协调数据源之间不匹配的问题，将异构、分布、自治的数据集成在一起，为用户提供单一视图，使其可以透明地访问数据源。系统数据集成主要指异构数据集成，重点是数据标准化和元数据中心的建立。在数据集成领域，已经有很多成熟的框架可以利用。通常采用联邦式数据库系统、中间件模式和数据仓库模式等方法来构造集成的系统，这些技术在不同的着重点和应用上解决数据共享和为各类组织提供决策支持。

（5）数据质量控制技术

数据是数字化转型的核心要素，大数据建设的目标是为了融合数据，增加组织的洞察力和竞争力，实现业务创新和产业升级。而数据能发挥价值的大小依赖于其质量的高低，如果没有良好的数据质量，大数据将会对决策产生误导，甚至产生有害的结果。数据质量控制指对数据在每个阶段里可能引发的各类数据质量问题进行识别、度量、监控、预警等一系列管理活动，并通过改善和提高组织的管理水平以确保数据质量的提升。数据质量控制是一个集方法论、管理、技术和业务为一体的解决方案，不是一时的数据治理方法，而是一个不断循环的过程。大数据的建设和管理是一个专业且复杂的工程，涵盖了业务梳理、标准制定、元数据管理、数据模型管理、数据汇聚、清洗加工、中心存储、资源目录编制、共享交换、数据维护、数据失效等过程，在任何一个环节中出错，都将导致数据的错误。数据质量控制方法的研究是数据质量控制的重点，控制方法的好坏直接影响到数据质量。目前，数据质量控制经常用的技术有极值控制、莱茵达检验法、狄克逊检验法、格拉布斯检验法以及科克伦检验法等。

（6）数据安全技术

数据安全技术的目标是让数据使用更安全可控，保障数据保密性、完整性、可用性，以及数据使用的安全合规性，本质上也是保障数据资产价值。通过资产梳理明确数据分级分类的标准，以及敏感数据资产的分布、访问状况和授权信息，对各类数据制定安全保护策略。数据安全技术主要包括数据全生命周期的敏感数据识别、数据分类与分级、数据访问控制、数据安全审计等。

1.5　我国政务数据治理概述

在政务治理领域，数据治理是数字经济时代推动政务治理最重要的技术手段，政务数据的治理和管控，能够有效解决政务信息资源管理分散、信息孤岛和资源浪费等问题，提升政府服务水平，转变数据思维观念，推进政务信息化进程。

1）我国政务数据治理背景

各领域数据的迅猛增长和以互联网、物联网、分布式计算与存储为代表的科学技术快速发展，推动了政务数据治理的深化与拓展。当前，数字化转型已成为我国经济社会发展的主要特征，并不断创造出新的产业和经济增长点。

2020 年，中共中央、国务院印发《关于构建更加完善的要素市场化配置体制机制的意见》，明确提出，加快培育数据要素市场，推进政务数据开放共享。由此可见，人工智能时代政务数据治理正在成为一项新的时代命题[7]。

习近平总书记在 2021 年世界互联网大会乌镇峰会致贺信中指出："数字技术正以新理念、新业态、新模式全面融入人类经济、政治、文化、社会、生态文明建设各领域和全过程，给人类生产生活带来广泛而深刻的影响[8]。"新兴数字技术的创新应用正贯穿到各个领域制度体系建设和现代化治理的全过程中，为应对数字技术创新带来的一系列调整，构建良好的数字生态，国家层面多次出台政策，给数字治理的建设和发展提供了强有力的战略支持。

2021 年 3 月发布的《中华人民共和国国民经济和社会发展第十四个五年规划和 2035 年远景目标纲要》（以下简称《纲要》）中特别设置了"加快数字化发展 建设数字中国"篇，对加快建设数字经济、数字社会、数字政策，营造良好数字生态作出了详细规划和部署。《纲要》指出，要迎接数字时代，激活数据要素潜能，推进网络强国建设，加快建设数字经济、数字社会、数字政府，以数字化转型整体驱动生产方式、生活方式和治理方式变革[9]。

2021 年 12 月发布的《"十四五"国家信息化规划》（以下简称《规划》）提出，要运用现代信息技术为"中国之治"引入新范式、创造新工具、构建新模式，建立健全规范有序的数字化发展治理体系。《规划》围绕确定的发展目标部署了建设泛在智联的数字基础设施体系等 10 项重大任务，明确了 5G 创新应用工程等 17 项重点工程为落实任务的抓手，并把基础能力、战略前沿、民生保障等摆在了优先位置，确定了全民数字素养与技能提升行动等 10 项优先行动[10]。

2) 我国政务数据治理领域

政务数据治理领域主要包括现代社会治理、城市公共服务和城市产业发展。

① 现代社会治理是基于社会情境、治理结构和主体行为等各方面要素，致力于解决社会发展过程中突出问题的新型治理方式。其中政务数据平台汇聚了城市社会治理的重要政务板块数据，包括城市主体、地理空间、城市交通、宏观经济、社会保障、电子证照等，通过不同板块的数据互联互通开展数据模型仿真实验，从而以标准化的数据治理实践还原城市治理的真实场景，最终助推城市领域的有效治理。政务数据治理是基于数据模型和智能算法，针对具体的城市社会各类公共治理难题，应用事件感知、智能调度、联动处置、决策分析以及平台配置的数据方法，从而实现疑难问题的提前预防、应急问题的及时处置，以及日常问题的协同治理。

② 城市公共服务是指政府部门向社会公众提供各类非竞争性和非排他性的物品和服务，以满足居民生活需求的方式。政务数据治理通过将传统人民群众的社会需求转化为互联网终端的数据输出，从而更好地为人民群众提供基本的生活便利，对于化解社会矛盾、稳定社会秩序具有重要意义。尤其在人工智能时代，政府服务平台成为提升民生工作的重要抓手。政府通过"一站式审批""最多跑一次""市民热线投诉""视频图像识别"等方式及时捕捉社会公共问题，进而借助互联网平台对城市各项服务进行分类解决，从而显著提升社会公众的获得感和幸福感。依托这种数据资源要素构建的政府服务平台，能够使数据运营更智能、数据服务更准确、数据治理更有效，从而帮助用户实现更有效的服务供给。

③ 城市产业发展是指通过统筹现代城市产业布局、调整优化城市产业结构，实现城市经济高质量增长的现代发展方式。传统经济增长主要依靠先进的管理方式和流程业务的再造，但是无法有效应对人工智能时代信息和知识爆发的情境。当前大多数组织急需通过现代技术应用和知识共享，建立全新的业务处理技术框架。而日益开放的城市经济数据资源为化解传统产业的困境提供了新途径和新方法。人工智能算法为组织决策者从海量市场信息中提炼富有价值的数据信息提供了可能，从而确保了组织发展决策的科学性与前沿性。知识沉淀的逻辑能够将知识转化为机器可以理解的方式进行重组，进而有效助推数据智能化应用，推动组织高质量发展。而更高级别的"知识中台"能够有效帮助组织更加便捷地提高数据知识生产和组织能力，从而满足具体业务场景的理论指导，为组织转型升级进行知识赋能。

3) 我国政务数据治理现状

从数据治理的现状来看，我国政务数据治理还处于起步阶段，政务数据依然存在以下问题。

一是系统种类繁多，责权边界不明。信息化建设初期，由于缺乏系统性、科学性的顶层设计和统筹规划，各行业各部门各自为主，产生了大量的"数据孤岛"，且政务数据责权边界不明，缺乏对各类政务数据归属、使用、管理等规定，导致数据资源归属上的"部门私有"、使用中的界限不明、管理上的相互制约等现象大量存在，使得数据共享难，业务协同管理难。

二是缺乏统一的数据标准和数据规范。各行业各部门在本地数据共享交换平台发布的数据体量大、来源复杂、结构各异，数据权威性不强，在传输使用过程中极易出现数据失真等情况，导致政务数据落入不敢用、不能用、不想用的境地。数据缺乏统一的标准规范体系，无法进行标准化管理与应用，使得数据难以发挥有效价值。

三是各单位信息化水平参差不齐。在信息化建设过程中，地域差距、行业差距甚至部门差距越来越大，导致信息化建设落实程度高低不一，这就导致政务数据治理工作达不到预期效果，不能为信息化建设提供充分的基底服务。信息化水平的差异又会导致数据难以互通共享，数据治理服务能力不能发挥应有效力。

四是信息化基底数据存在严重不足。各行业各部门信息化建设重在系统的业务流程、展示效果，前期投入数据梳理的工作量不多，或者本身在历年数据管理中未落实职责要求，导致数据资源不足，数据存在大量的丢失或效力降低情况，进而导致建设的大数据平台因基底数据支撑不足，难以发挥作用。

五是数据治理工作机制不健全。部分行业或部门对数据治理认识薄弱，技术支撑不足，缺乏数据治理的总体规范、总体工作指引和实施方案，未建立数据治理能力与技术体系，不能够为信息化建设构建数据基础。

六是数据管理控制程度较为薄弱。政务数据的数据存储在各行业各部门中，独立应用，缺乏统一管理、控制的平台。各部门的数据供需仍以单线联系沟通为主。信息系统建设与管理职能分散在多个部门，各自为政，存在数据统一管理上的盲点。不同部门对数据的关注角度不一样，缺少一个从全局视角对数据进行管理的组织，导致无法建立统一的数据管理规程与体系，数据管理监督措施难以有效落实。

4) 我国政务数据治理目标

为了提高政府的工作效率和可持续性，提高政务数据的利用价值，增加社会价值，政府必须选择合适的方法对所持有的数据进行治理。政务数据治理对于发挥数据本身的价值，提高政府的办事效率、政府公信力，加强公众对于国家政策的决策参与力度，提升各类组织与社会活力都具有明显意义，具体体现为以下几个方面。

（1）挖掘数据的内在价值

在信息化社会，数据无处不在，且数据来源呈现出多样化趋势。从 TB、PB、EB 到 ZB 的发展，都预示着数据的生产和消费群体在迅速扩大，当前社会的每一个领域甚至每一个个体都成为数据资源的生产源，信息爆炸已积累到了足以引发变革的程度——"大数据"的概念诞生。在政府部门同样也面临着数据洪流问题，政务数据涵盖了整个国家的各个领域，对这些数据资源进行整合之后形成了一个庞大的信息资源库，这是政府部门的一笔重要资产。然而当前由于观念、政策、技术等多方面的问题，这些数据却往往处于"不为人知"或"不为人所用"的境地。最重要的是，数据本身并不会为社会创造出价值，特别是静态的、孤立的数据，只有采用恰当的数据治理方法与流程，使静态无序的数据流动起来，孤立的数据关联起来，将数据盘活，数据价值才能真正显现。

（2）优化政府的公众服务

政府是提供公共管理和公共服务的部门，政务数据与民生经济密切相关，进行数据治理对于改善政府的公共服务方式，优化政府的公共服务产品都具有重要的意义。

通过数据治理，实现公共服务方式"推送化"。传统的公共服务方式是"索取"，即政府被动地向公众提供公共服务。数据治理使政府部门趋近于公众导向，使公共服务更加"主动"，主动地对公共服务进行过程追踪，确保公共服务质量，从而有效地解决社会问题。政府还会主动改进公共服务质量，通过对数据进行治理来判断公众对公共服务质量的评价，借此来改善服务，提高客户满意度。

通过深入挖掘并实现数据的精细化，政府可以为公众提供更加个性化和人性化的服务产品。例如，在用地管理行业，相关部门可以从多个渠道获取土地管理信息，将调查、规划、审批、用地监测等数据与用地企事业数据关联起来，形成一个综合的用地监管模式，从而提供精细化的用地管理服务。此外，通过数据治理，可以了解公众需求，并经过科学的分析和合理配置，提供公众所想、所需的公共服务。例如，在信息充分自由的社会环境中，政府可以通过对各地公共服务需求、公共服务资源的拥有率以及使用率等数据进行深度分析，合理分析服务资源，从而实现社会资源的最优配置。

（3）提升政府的工作效率

传统的政府结构下，不同政府以及不同等级的部门间缺乏信息的共享和合作，这使得政府工作效率低下、事务重复、机构冗余现象经常出现，政府难以实现高效运作。数据治理能够模糊政府各部门间、政府与市民间的边界，大幅消减信息孤岛现象，使信息资源共享和政府业务协同成为可能。政府的协同管理水平、社会服务效率和应急响应能力大大提升，通过统一的技术标准、数据标准、接口标准将原本分散存储在不同部门、行业的公共数据汇集到统一的公共数据中心，强力推进政府各部门数据共建共享，使部门间各类数据信息互联互通，实现跨部门、跨领域的管理信息共享，可以有效提升政府服务效能，特别是提升公共危机事件的源头治理、事前预警、动态监控和应急处置能力。同时为促进政务管理规范、办事制度科学化提供基础，提高办公效率和信息化水平。

（4）增强公众的决策参与

数据治理目标的有效实现不能仅仅依靠政府自身的力量，还须借助社会各领域的协同合作。这种多元合作不仅能帮助政府解决自身技术能力不足的问题，也能有效提高公众在国家以及社会治理过程中的参与度，进而提高公众对于政府决策的接受程度，有效促进社会和谐，提升社会活力。

智慧政府要求政府以更加开放的心态来实现管理，将公民当作"合作伙伴"和城市问题的"决策者"，为公民提供广泛的参与机会，推动公众参与由象征性参与阶段迈向实质性参与阶段。以社交媒体为主的分布式信息发布技术为公众参与提供了实时互动的全新信息空间，使政府和公众互动渠道进一步拓展，使信息的递增和传播渠道更加多元，增强了公众沟通参与政府决策的主动性。公众参与主动性的增强，进而可以将数据转化为大众化应用。数据治理也符合当前公众的要求。随着政府数据数量的急剧增长以及公众对于政府事务参与度和政府民主化要求的进一步提高，公众有能力也有意愿参与政府事务管理。传统的以事务为导向的政务数据管理方式已经无法满足公众的信息需求。只有实现数据的开放和透明，才能满足公众的信息需求，并且可以促进公众对于数据的利用，提高数据的价值，创造更多的就业机会，使公众有更多机会参与到社会管理，从而促进政府由管理型政府向服务型政府转型。

总之，政务数据治理的根本目的是充分发挥政务数据的价值。在加强政府部门内部对政务数据的利用之外，还要将政务数据对外开放，取得政务数据的市场化利用，激发大众创业、万众创新，从而形成政务数据的产业链和价值链。

第2章 数据治理框架

数据治理的发展由来已久，伴随着大数据技术和数字经济的不断发展，政府和企业拥有的数据资产规模持续扩大，数据治理得到了各方越来越多的关注，被赋予了更多使命和内涵，并取得长足发展。由此，建立满足具体场景需求的数据治理框架，是必然的发展阶段。数据治理框架是一组特定的原则和流程，用于定义如何在组织内收集、整理、存储和使用数据，有了适当的框架，组织就可以将这些数据转化为有价值的、强大的资产，可以用来满足或超越既定的目标和期望。

林业数据是林业政务服务能力提升的重要基底数据，在漫长的林业资源管理与服务过程中，积累了巨量的林业数据资源。近年来，随着新型数据和信息技术对林业的进一步参与，数据的管理和应用能力已经成为林业核心服务能力之一，数据治理水平必将成为林业综合能力的一种直接体现。林业数据治理工作与林业信息化发展密不可分，林业数据治理需要遵循数据治理的基本规律和思路，同时也要基于林业数据自身问题与实际需求，因地制宜、对症下药、按需开展，建立起一套满足并适合于林业数据治理的体系框架。

本章主要介绍了国内外先进的数据治理框架模型，并基于这些框架模型，面向林业信息化工作的背景、战略需求、战略布局和林业数据资源治理工作的意义、现存问题、目标等内容，提出满足林业自身特点的数据治理框架，明确林业数据治理内容。林业要实现"一张图、一套数"的建设目标，就必须以林业资源一体化数据治理理念为指导，整合林业大数据资源，提升数据管理与服务能力，为信息化能力建设奠定基础。

2.1　国际数据治理框架模型

数据治理经过多年发展，已形成不少行之有效的数据治理框架成果，目前国际上主流的数据治理框架包括 DAMA 数据管理模型、DGI 数据治理模型、ISO 数据治理模型、Gartner 数据治理模型、ISACA 数据治理模型等。

2.1.1　DAMA 数据管理模型

国际数据管理协会（DAMA）是一个全球性数据管理和业务专业志愿人士组成的非营利性协会，DAMA 自 1980 年成立以来，一直致力于数据管理的研究和实践。其推出的《DAMA-DMBOK2 数据管理知识体系指南（第 2 版）》对于组织数据治理体系的建设有一定的指导性，用于指导组织的数据管理职能和数据战略的评估工作，同时建议并指导刚起步的组织去实施和提升数据管理。

DAMA-DMBOK2 理论框架定义了 11 个主要的数据管理职能、4 个实施阶段和 7 个基本环境要素。

11 个数据管理职能包括：数据治理、数据架构、数据建模和设计、数据存储和操作、数据安全管理、数据集成和互操作、文档和内容管理、参考数据和主数据管理、数据仓库和商务智能、元数据管理、数据质量管理（图 2-1）。

4 个实施阶段包括：组织购买包含数据库功能的应用程序阶段，发现数据质量方面的挑战阶段，严格地实践数据治理来管理数据质量、元数据和架构阶段，充分利用了良好管理数据的好处并提高了其分析能力阶段。

7 个基本环境要素包括：目标与原则、组织与文化、工具、活动、角色与职责、交付成果、技术（图 2-2）。

DAMA 数据管理模型认为数据治理与数据管理二者之间不是独立的关系，数据管理包括了数据治理，而且后者是前者的核心，它充分考虑了功能与环境要素对数据治理活动的影响，并建立起了对应关系，但显而易见，这一模型仍未概括数据管理功能的全部。

第 2 章 · 数据治理框架

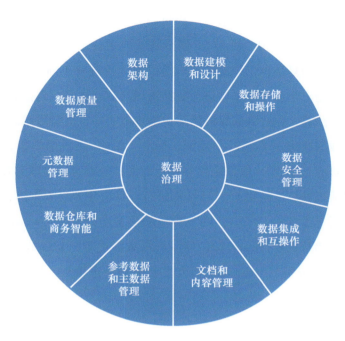

图 2-1　11 个职能域

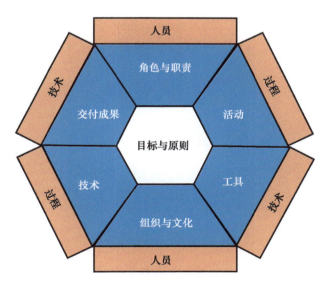

图 2-2　7 个环境要素

2.1.2　DGI 数据治理模型

国际数据治理研究所（DGI）是业内最早、世界上最知名的研究数据治理的专业机构。DGI 于 2004 年提出了 DGI 数据治理模型，该模型框架面向数据管理为企

17

业数据作出决策和采取行动的复杂活动提供新方法。该框架考虑数据战略专家、数据治理专业员、业务利益相关者和IT领导者共同关注的如何管理数据、实现数据价值、最小化成本和复杂性、规避管理风险以及确保遵守不断增加的决策法律、法规和其他要求，提出企业在操作层进行数据治理的框架体系，包括数据治理的概念、内容、流程和方法等，促进数据管理活动更加规范有序、高效权威。

　　DGI认为数据治理主要涉及"政策、标准、策略"、数据质量、"隐私、遵从性、安全"、"架构、集成"、数据仓库和商业智能、管理协调领域等方面内容。

　　DGI数据治理模型，采用5W1H法则进行设计，分为组织架构、规则条例、治理流程3个层面（图2-3）。5W1H在数据治理模型中的应用：who，数据利益相关方；what，数据治理的作用；when，何时开展数据治理；where，数据治理位于何处（当前的成熟度级别）；why，为什么需要数据治理框架；how，如何开展数据治理。

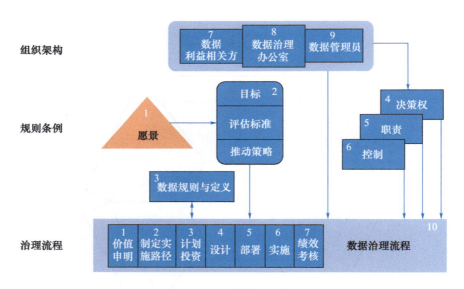

图2-3　DGI数据治理模型

　　DGI数据治理模型是一个十分具有实践指导意义的数据治理模型，主要是它的设计是从组织数据治理的目标或者需求出发进行设计的，描述了谁可以采取什么行动来处理什么信息，以及何时、在什么情况下使用什么方法。

2.1.3　ISO数据治理模型

　　国际标准化组织（ISO）[11]于2008年推出第一个IT治理的国际标准：ISO 38500，

它的出台不仅标志着 IT 治理从概念模糊的探讨阶段进入了一个正确认识的发展阶段，而且也标志着信息化正式进入 IT 治理时代。这一标准促使国内外一直争论不休的 IT 治理理论得到统一，也促使我国在引导信息化科学方面发挥重要作用。2015 年 5 月，在巴西 ISO/IEC JTC1/SC40（IT 治理和 IT 服务管理分技术委员会）全会上，中国代表团正式提出"数据治理国际标准"新工作项目建议，并得到国际与会专家的一致通过。经过会议讨论，将数据治理国际标准分为两个部分：ISO/IEC 38505-1《ISO/IEC 38500 在数据治理中的应用》[12]和 ISO/IEC TR 38505-2《数据治理对数据管理的影响》[13]。2017 年 3 月 31 日，由中国国家标准化管理委员会（SAC）申请立项并由我国专家联合编制的国际标准 ISO/IEC 38505-1 获得国际标准化组织批准。该标准的正式发布代表着由我国提出的数据治理理念和方法论在国际上已达成共识，是中国对国际标准的重要贡献。

ISO 38505-1 模型是用于评估、决定和监管的模型，具体是指评估数据的公司战略与商业模式、数据负责人、技术工具的使用和流程改变，以及数据共享需求等内容；决定什么是最优化的数据投资、如何面向偏低的管理数据风险以及如何建立各层级的数据保管人委派机制（图 2-4）。数据治理制度设计、执行与审计重要的是在于划分数据治理责任域。通过数据治理责任域结合数据价值、数据风险和约束进行评估，最终形成数据治理报告。其中，数据价值包括数据质量、时效性、体量和语境；数据风险包括风险管理、数据分类和安全性；约束主要是法律法规、组织策略等内容。

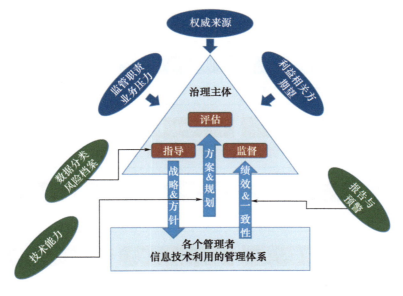

图 2-4 ISO 数据治理模型

ISO 38505-1 模型提出了数据治理框架（包括目标、原则和模型），在目标方面，ISO 38505-1 认为数据治理的目标就是促进组织高效、合理地利用组织数据资源；在原则方面，ISO 38505-1 定义了数据治理的 6 个基本原则：职责、策略、采购、绩效、符合和人员行为，这些原则阐述了指导决策的推荐行为，每个原则描述了应该采取的措施，但并未说明如何、何时及由谁来实施这些原则；在模型方面，ISO 38505-1 认为组织的领导者应该重点关注 3 个核心任务：一是明确了数据治理的意义、治理主体的职责、数据治理的监督机制，二是对治理准备和实施的方针和计划作出指导，三是进一步明确数据治理的"E（评估）-D（指导）-M（监督）"方法论。

2.1.4　Gartner 数据治理模型

高德纳咨询公司（Gartner）对于数据治理的定义为：数据治理是"一种技术支持的学科，其中业务与 IT 协同工作，以确保企业共享的主要数据资产的一致性、准确性和可管理性，以及数据语义的一致性和数据质量的责任性"[14]。Gartner 认为数据治理对于数据管理计划是必不可少的，同时控制不断增长的数据量以改善业务成果。越来越多的组织意识到数据治理是必要的，但是它们缺乏实施企业范围治理计划的经验，无法获得具有实际的、切实的结果。于是 Gartner 提出了数据治理与信息管理的参考模型，并将数据治理分为 4 个部分：规范、计划、建设和运营。Gartner数据治理模型的 4 个部分定义了组织数据治理的 4 个阶段应重点关注的内容（图 2-5）。

图 2-5　Gartner 数据治理模型

规范：主要是数据治理的规划阶段，定义数据战略、确定数据管理策略、建立数据管理组织以及进行数据治理的学习和培训，并对组织数据域进行梳理和建模，明确数据治理的范围及数据的来源去向。

计划：数据治理计划是在规划基础之上进行数据治理的需求分析，分析数据治理的影响范围和结果，并理清数据的存储位置和元数据语义。

建设：设计数据模型、构建数据架构、制定数据治理规范，搭建数据治理平台，落实数据标准。

运营：建立长效的数据治理运营机制，坚持执行数据治理监控与实施，数据访问审计与报告常态化，实施完整的数据全生命周期管理。

2.1.5 ISACA 数据治理模型

国际信息系统审计和控制协会（Information Systems Audit and Control Association，简称 ISACA）[15]制定的 COBIT 是一个基于 IT 治理概念、面向 IT 建设过程的 IT 治理实现指南和审计标准。COBIT 目前已成为国际上公认的最先进、最权威的信息技术管理和控制的标准。该标准已在世界 100 多个国家的重要组织与企业中运用，指导这些组织有效利用信息资源，有效管理与信息相关的风险。

利益相关者需要企业的存在就是通过在实现收益、优化风险和运用资源之间维持一种平衡，从而为其创造价值。ISACA 数据治理模型不仅关注"IT 功能"，还视信息及相关技术为资产，这种资产就像企业内其他资产一样可予以处理。

ISACA 数据治理模型是从组织愿景和使命、策略和目标、商业利益、具体目标出发，通过对治理过程中人的因素、业务流程的因素和技术的因素进行融合和规范，提升数据管理的规范性、标准化、合规性，保证数据质量。这一过程中，ISACA 认为，要实现数据治理的目标，组织应在人力、物力、财力给予相应的支持，同时进行全员数据治理的相关培训，通过管理指标的约束和组织文化的培养双重作用，使相关人员具备数据思维和数据意识，这是组织数据治理成功落地的关键（图 2-6）。值得一提的是 ISACA 在 2016 年 3 月收购了全球人力、流程和技术最佳实践推动领域的领导者能力成熟模型集成研究所（Capability Maturity Model integration，简称 CMMI），CMMI 的数据管理成熟度模型（DMM）对 ISACA 数据治理模型起到一个相互补充的作用，有利于 ISACA 数据治理模型的推广。

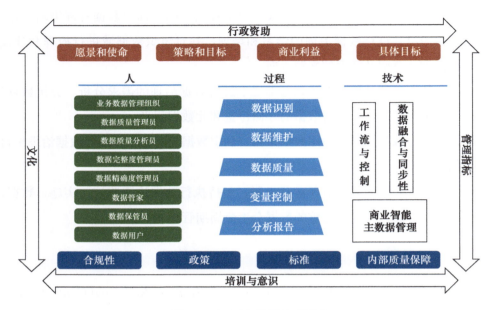

图 2-6　ISACA 数据治理模型

2.2　我国数据治理框架模型

2.2.1　中国《数据治理白皮书》数据治理模型

中国在国际场合首次提出"数据治理"的概念，是 2014 年 6 月在悉尼召开的 ISO/IEC JTC1/SC40（IT 治理和 IT 服务管理分技术委员会）第一次全会上。这个概念一经提出，即引发了国际同行的兴趣和持续研讨。

2014 年 11 月，在荷兰召开的 SC40/WG1（IT 治理工作组）第二次工作组会议上，中国代表提出了《数据治理白皮书》的框架设想，分析了世界上包括国际数据管理协会（DAMA）、国际数据治理研究所（DGI）、国际商业机器公司（IBM）、高德纳咨询公司（Gartner）等组织在内的主流数据治理方法论和模型，获得了国际 IT 治理工作组专家的一致认可。2015 年 3 月，中国信息技术服务标准（Information Technology Service Standards，简称 ITSS）数据治理研究小组通过走访调研，形成了金融、移动通信、央企能源、互联网企业在数据治理方面的典型案例，进一步明确了数据治理的定义和范围，并于 2015 年 5 月在巴西圣保罗召开的 SC40/WG1

第 2 章 · 数据治理框架

第三次工作组会议上正式提交了《数据治理白皮书》国际标准研究报告。报告认为,数据是资产,通过服务产生价值。数据治理主要是在数据产生价值的过程中,治理团队对其作出的评价、指导和控制。报告中提出的数据治理模型如图 2-7 所示。

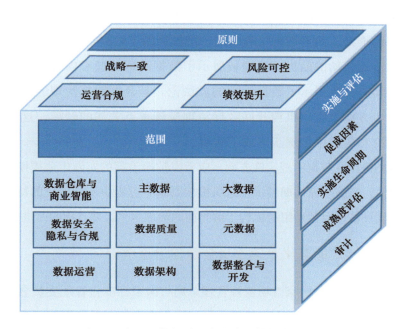

图 2-7 中国《数据治理白皮书》数据治理模型

中国《数据治理白皮书》数据治理模型由 3 个框架组成,即原则框架、范围框架和实施与评估框架。原则框架明确了数据治理的准则,范围框架明确了数据治理域,实施与评估框架明确了实施方法。

(1) 原则框架

原则框架明确了数据治理的准则,包括战略一致、风险可控、运营合规和绩效提升。依据 4 个原则开展 9 个关键域的治理,关键域在范围框架中进行明确定义。可以看出,该框架下"风险可控、运营合规、绩效提升"与国际标准数据治理框架中数据治理的目标相呼应,即"运维合规、风险可控、价值实现"。

(2) 范围框架

范围框架明确了数据治理的范围和任务,明确了数据治理的主要工作。该框架分为 3 层,最底层为基础数据层,包括数据运营、数据架构、数据整合与开发;中间层为保障层,包括数据安全隐私与合规、数据质量、元数据;最上层为应用层,也是价值创造层,包括数据仓库与商业智能、主数据、大数据。

(3) 实施与评估框架

实施与评估框架明确了如何开展数据治理的方法论，包括促成因素、实施生命周期、成熟度评估与审计 4 个方面。组织机构通过开展成熟度评估可以了解当前的数据治理水平，为后续数据治理活动的改进优化指明方向。

中国《数据治理白皮书》数据治理模型明确了数据治理活动的 3 个主要方面，即数据治理的准则、治理域和实施方法。准则表明了数据治理应遵守的基本准则，是开展数据治理活动的前提；治理域展示了数据治理的核心内容，是开展数据治理的方向；实施方法展示了数据治理的方法论，是开展数据治理的路径。该模型认为上述 3 个方面是组织机构开展数据治理应该重点关注的领域。这点在国外数据治理的研究和实践中也逐步达成了共识。

该模型还提出在数据治理实施方面，应考虑数据治理的实施生命周期和数据治理的成熟度评估。实施生命周期展示了组织机构要基于过程中不同阶段的特点开展治理工作，成熟度评估可以帮助组织机构了解当前的治理水平，并且指明改进的路径。

2.2.2 国家标准化管理委员会数据治理框架

2018 年 6 月 7 日，国家市场监督管理总局与国家标准化管理委员会发布《中华人民共和国国家标准公告（2018 年第 9 号）》，批准《信息技术服务 治理 第 5 部分：数据治理规范》国家标准发布，标准号为 GB/T 34960.5—2018，实施日期为 2019 年 1 月 1 日。

《信息技术服务 治理 第 5 部分：数据治理规范》结合了国际数据治理标准的研制思路，遵循"理论性与实践性相结合、国内与国际同步推进、通用性与开放性相结合、前瞻性与适用性相结合"的原则，明确了数据治理规范实施的方法和过程，具有强烈的中国特色。

《信息技术服务 治理 第 5 部分：数据治理规范》提到，数据治理框架包含顶层设计、数据治理环境、数据治理领域和数据治理过程四大部分（图 2-8）。

(1) 顶层设计

顶层设计包含数据相关的战略规划、组织构建和架构设计，是数据治理实施的基础。战略规划应保持与业务规划、信息技术规划一致，并明确战略规划实施的策略。组织构建应聚焦责任主体及责权利，通过完善组织机制，获得利益相关方的理解和支持，制定数据管理的流程和制度，以支撑数据治理的实施。架构设计应关注技术架构、应用架构和架构管理体系等，通过持续地评估、改进和优化，以支撑数据的应用和服务。

第 2 章 • 数据治理框架

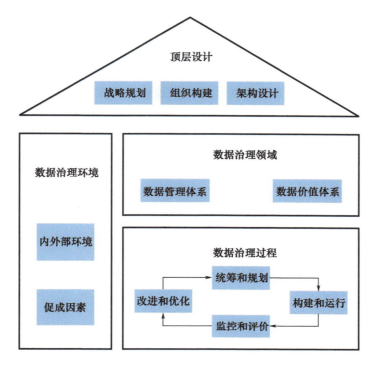

图 2-8 数据治理框架

（2）数据治理环境

数据治理环境包含内外部环境及促成因素，是数据治理实施的保障。组织应分析业务、市场和利益相关方的需求，适应内外部环境变化，支撑数据治理的实施。组织应识别数据治理的促成因素，保障数据治理的实施。

（3）数据治理领域

数据治理领域包含数据管理体系和数据价值体系，是数据治理实施的对象。组织应围绕数据标准、数据质量、数据安全、元数据管理和数据生存周期等，开展数据管理体系的治理。组织应围绕数据流通、数据服务和数据洞察等，开展数据资产运营和应用的治理。

（4）数据治理过程

数据治理过程包含统筹和规划、构建和运行、监控和评价以及改进和优化，是数据治理实施的方法。明确数据治理目标和任务，营造必要的治理环境，做好数据治理实施的准备。构建数据治理实施的机制和路径，确保数据治理的实施有序运行。监控数据治理的过程，评价数据治理的绩效、风险与合规，保障数据治理目标的实现。改进数据治理方案，优化数据治理实施策略、方法和流程，促进数据治理体系的完善。

《信息技术服务 治理 第5部分：数据治理规范》（GB/T 34960.5—2018）一方面提出了面向价值实现的数据治理目标，另一方面实现了数据治理与管理方法理论的融合。该标准提出了保障数据及其应用过程中的运营合规、风险可控和价值实现的数据治理目标，组织应通过评估、指导和监督的方法，按照统筹和规划、构建和运行、监控和评价以及改进和优化的过程，实施数据治理的任务。该标准不仅明确了数据治理框架各个组成部分的治理要求，同时也对治理体系和实施路径提出了明确的管理要求，使得治理与管理得到了很好的衔接，从而避免了两者的脱节。

2.3 林业数据治理框架设计

2.3.1 林业数据治理需求

国家治理体系和治理能力现代化已经成为今后经济社会发展的重大战略选择和重要发展方向，新形势、新任务要求以"共建、共治、共用"为原则，以应用和需求为导向，构建上联国家、下通市县的一体化、服务化的数据架构，全面提升各级政府部门的数据管理和应用能力，实现数据全生命周期治理和全方位赋能，加速释放数据要素的乘数效应，为数字政府改革建设提供充沛动能。

林业发展具有范围广、建设周期长等突出特点，长期的林业调查监测服务和管理活动积累了大量的数据，这些数据除了支持林业业务流程外，越来越多地被用于调查分析、精准监测、科研项目、决策分析、绩效考核、综合管理等领域。如果数据存在问题，且缺乏有效的治理机制和治理手段，会导致错误数据如雪球般越滚越大，最终导致相关研究和管理工作出现偏差。因此，加强林业数据治理是推进林业治理体系和治理能力现代化，实现林业高质量发展和高效能发展的迫切需求。

一是林业系统内部实现系统互联互通和数据对接共享的需要：现有林业数据分散在众多系统中，且存在对数据"不愿共享""不能共享""不敢共享"等现象，究其原因主要是缺乏统一的数据定义、数据分类和数据标准，使得数据在使用上存在不一致性和完整性差等问题，亟须通过数据治理推动数据标准的统一，实现系统的互联互通和数据的对接共享。

二是提升海量林业数据资源质量的需要：林业数据资源具有获取方式各异、数据类型多样、数据来源不同、数据结构与模型不一致、数据尺度不一等特点，部分数据在采集和使用过程中没有相应的管理和检查机制，使得数据在格式、坐标系、拓扑、属性等方面存在质量问题，亟须通过数据治理提升数据质量，保障海量林业数据资源价值实现。

三是数据驱动林业管理进行科学决策的需要：林业涉及的数据类型，包括矢量数据、影像数据、文本、图像、档案数据等，分为静态数据和动态数据，空间数据和非空间数据，实时数据和非实时数据，结构化数据、半结构化数据和非结构化数据。这些数据有些来源于林业系统的内部信息、调查监测及设备管理，有些来源于外部的协同共享网络。亟须通过数据治理实现数据驱动，更好地支撑和服务林业的科学决策。

四是面对数据安全风险的管理需要：信息安全尤其是地理信息空间数据安全问题越来越受重视，数据的敏感性日益凸显，需要对数据产权进行确定，也需要对数据安全等级进行确定，还要对数据实际控制者的行为严加管束，做到合法合规。亟须通过数据治理建立数据全生命周期的安全保障体系，严格把控数据安全，及时评估和管控数据风险。

2.3.2 林业数据治理目标

林业数据治理的目标是充分发挥数据资源的关键作用，建立健全一体化的林业数据资源管理体系，助推林业数据资源共享开放，促进林业数据高效流通，推进林业数据在政务服务中的广泛应用，为数字中国、美丽中国建设贡献林业力量。

（1）完善林业信息资源目录

全面梳理林业各类数据资源，优化完善林业信息资源目录，明确林业信息资源分类、信息项、信息源头、共享交换条件等描述，为林业业务系统和政务信息共享提供数据资源清单，形成保障林业数据质量的标准和规范，为数据汇聚、存储、分发、交换和应用提供强制性的技术约束，确保林业数据治理工作的规范与统一。制定林业信息资源目录管理办法，明确林业信息资源目录编制和管理权责，建立目录动态调整机制，对高质量完成林业信息资源目录有积极作用。

（2）建立信息资源汇聚机制

为加强林业数据管理，推进林业数据汇聚共享和开放，遵循应汇尽汇、完整准确的原则开展林业数据汇聚工作，完善数据资源采集汇聚规则和技术规范，全面地采集、汇聚、整合、存储林业数据资源，统筹推进林业数据跨部门、多层级"汇流"，把"数据池塘"汇聚成"数据海洋"。统一调查监测系统类型数据可通过逐级汇交方式实现数据汇聚；应用系统间可通过交换、协议、共享等方式实现数据汇聚；物联网数据可通过接口协议方式实现数据汇聚；其他数据可采用离线汇交、在线调用、服务接入等多种方式进行汇聚更新，保障数据同步。

（3）优化形成林业"一张图"

在林业资源数据与第三次国土调查数据融合的基础上，叠加规划、管理、经营、保护、生态修复等空间数据，依据统一的数据标准和分类标准，在空间、时序、比例尺上进行标准化整合、对接、去重、融合、分层，将横向到边、纵向到底的各类数据进行汇聚，进一步优化完善形成林业"一张图"，实现不同比例尺任意放大，不同区域无缝漫游，不同时间随意切换，不同类别灵活叠加，做到林业空间数据"一览无余"。

（4）建设全域林业"一套数"

在林业信息资源目录梳理的基础上，统一数据标准，对已有数据中非标准化的时空和非时空数据进行标准化处理，将深度学习等技术融入数据资源的管理与服务中，形成相互协调统一的林业数据资源体系，构建全域林业数据资源池，形成业务生成数据向数据资源池集中汇聚、共享，需求数据从数据资源池分类推送的模式，促进实现全域林业资源"一套数"的目标。

（5）提升林业大数据决策分析能力

在林业"一张图、一套数"的基础上，充分利用大数据、人工智能等技术，对林业数据进行统计、分析与展示。深度挖掘数据价值，及时发现并掌握信息变化和发展趋势，推进大数据在林业资源监管、野生动植物保护、自然保护地管护、灾害监测预警、资源空间配置等场景的应用，实现源头监管、全方位覆盖、环节掌控和精细化管理的目的，全面提升林业数据决策分析能力，助力林业数字化发展。

2.3.3 总体框架设计

林业数据治理是一项复杂、长期、系统性的工程，涉及思维、组织、方法、系统工具等多方面要素的综合运用。林业数据治理总体框架设计可以概括为：一个框架、两个体系、三个层面和多项应用（图2-9）。

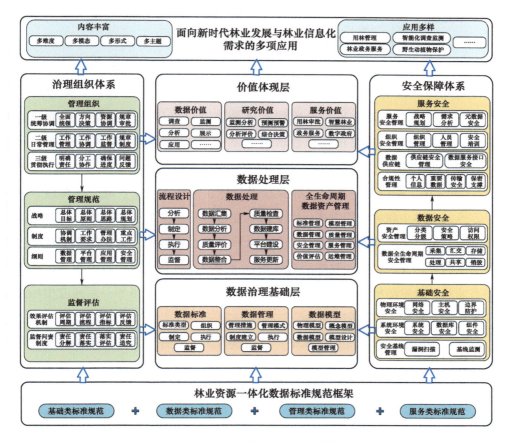

图 2-9 林业数据治理框架设计

"一个框架"为林业资源一体化数据标准规范框架，它是数据治理体系的基础，是一切行为规则的框架基准，是数据治理工作的行为规范依据。通过深入调研，充分分析当前已有标准规范的工作基础以及未来规划标准规范的创新内容，构建一体化的林业资源数据标准规范框架，确定林业数据综合治理的"四梁八柱"，形成包括基础类、数据类、管理类、服务类等系列的标准规范框架。从数据基础、标准结构到数据整合、质量控制，再到数据更新、共享应用等方面，建立全方位一体化的标准规范框架，为林业数据治理夯实基础性规范要求。

"两个体系"分别为数据的治理组织体系和安全保障体系。治理组织体系主要是明确管理组织的各级角色和职责，制定数据治理战略、制度和细则，构建监督评估机制，通过建立规章制度来为林业数据治理提供组织基础，确保各项工作"有人来管""有章可循""有效可查"；安全保障体系主要通过构建完备的安全管理制度、采用稳固的安全保障技术来夯实数据治理安全基石，涉及基础安全、数据安全和服务安全 3 个方面。

"三个层面"分别为数据治理基础层、数据处理层和价值体现层。其中数据治理基础层主要完成数据标准的制定、数据管理模式以及数据模型设计等；数据处理层是数据治理的主要加工层，包括流程设计、数据汇集、数据分析、质量评价、数据整合等，并进行全流程的质量控制；价值体现层即数据治理本身的价值，林业信息化需要重视信息价值开发，要重视数据价值体系的重构和挖掘，以进一步释放数据价值能力，提升信息化服务水平。

"多项应用"是指面向新时代林业发展与林业信息化需求，建立多维度、多模态、多形式和多主题的应用方式，以支撑林业智能化服务的转型要求。在数据治理的末端，必将是面向政府部门以及社会大众开展综合性服务，为生态文明建设提供数据层面的应用支撑。林业数据治理成果，将为用林管理、林业政务服务、林业智能调查监测、野生动植物保护、森林防火救灾、碳中和碳达峰等一系列应用场景提供支撑，满足社会不断的应用需求。

数据治理应采用规划先行的原则，制定适合林业业务特点的数据治理流程，选择可行的技术方法和先进工具，明确数据治理的工作机制和工作内容，稳步推进数据治理各项工作。林业数据治理体系设计如图 2-10 所示。

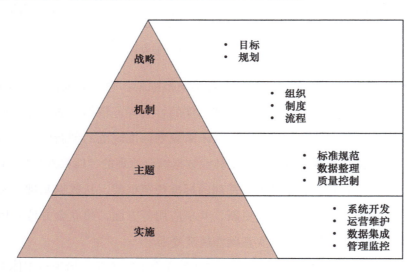

图 2-10　林业数据治理体系设计

战略：林业数据治理是在林业信息化发展与数字政府建设的整体发展战略和规划指导下实施的，这些战略规划包括林业业务发展目标、IT 规划以及数据治理相关发展规划，需要明确林业数据治理的最终目标和规划。

机制：林业数据治理机制建立是工作实施的基础保障，通过组织、制度和流程的建设与执行得以落实。机制是数据治理工作的重点，数据治理执行效果是机制落实的效果体现。

主题：林业数据治理主题是林业数据治理的工作内容，包括数据标准规范的建立、数据整理、质量控制等方面。

实施：林业数据治理工作需要在相关制度、规范和流程下通过数据治理组织借助技术手段和管理手段来实现，包括系统开发以便于提高数据质量确保数据共享应用服务，日常运营维护确保数据与应用效果，数据集成确保数据满足应用需求，管理监控确保数据支撑能力与服务规范化。

林业实施数据治理的侧重点、方法和路径虽然可基于自身情况进行灵活调整，但要遵循稳定性、全局性、前瞻性、持续性和安全性原则。

① 稳定性原则：基于行业现有数据治理能力、战略规划、规章政策、组织架构、管理流程和相关系统，规划适用于行业和机构现状的数据治理，以便分步骤、分阶段实施数据治理各领域工作，避免对行业数据服务产生冲击。

② 全局性原则：需要站在整体视角统筹数据治理工作，建立全局性的数据治理指导思想和规范，引入整体参与的理念，指导数据治理工作规范、有序地开展，做到制度自上而下落实，数据治理成果自下而上递进。

③ 前瞻性原则：要充分参考业界的领先实践，设计适合林业实际情况的、具有前瞻性的数据模型、数据标准等数据治理规划，支持林业服务稳步发展。具备对技术的前瞻性兼容，以前瞻性的建设原则指导数据治理的推进，在未来一定的技术周期内为林业大数据提供更好的数据治理成果支持。

④ 持续性原则：数据治理不是一蹴而就的短期工程，而是一项需要持续开展、循环优化的常态化工作。数据治理的最终目的是提升林业数据应用水平，需要基于持续化的应用效果评估，及时发现数据治理存在的问题与薄弱环节，从源端持续推进数据治理各项工作的改进优化，建立起数据治理的长效机制。

⑤ 安全性原则：林业数据运营部门、使用部门及其主管部门须按照国家相关法规和标准，确定系统的安全保护等级，统一组织实施安全保护；集中资源优先保护涉及核心业务的关键信息资产；规划和设计安全方案，建设数据安全设施，保障数据安全与信息化建设相适应；及时跟踪信息资产的变化情况，动态调整数据安全保护措施。

2.3.4 数据治理内容

（1）构建科学清晰的数据治理组织体系

做好林业数据治理的第一个关键步骤是要构建数据治理组织体系，数据治理组织体系包括管理组织、管理规范和监督评估机制3个方面。

开展数据治理首先需要建立自上而下、层次分明、权责清晰的管理组织，即"搭班子"。数据治理涉及林业多个部门，很多工作都是通过跨部门协作来完成，需要平衡协调多个部门的利益。数据治理是一项"一把手工程"，建议成立由"一把手"任组长的数据治理领导小组；数据治理委员会作为一级组织，负责数据治理工作的整体统筹、资源协调与战略谋划；林业大数据中心作为二级组织，负责数据治理工作的日常管理、工作协调与监督评估；林业现有各业务部门、信息化管理部门作为三级组织，明确各自权责与协作流程，推动数据治理的落地执行与问题反馈。

通过制定数据治理规范、建立监督评估机制以实现"定战略、带队伍"。数据治理规范自上而下包括数据治理战略、数据治理制度与数据治理细则3层。可以结合林业自身数据治理的现状、业务需求与行业要求，制定适合自身的数据治理战略，明确治理目标、原则、思路和路线图规划，通过"定战略"实现"路线明"。此外，还要基于数据治理战略，逐步建立完善的数据治理制度和细则，明确数据治理各项重点工作的方法、要求和流程。数据治理是一项持久性的复杂工作，还需要通过建立监督评估机制和相应的考核办法来有效激发组织的积极性。

（2）制定统一规范的数据标准体系

林业数据必须遵循统一标准进行管理，才能有效保证各业务部门、不同系统间数据的规范性、流通性及共享性，制定统一规范的数据标准体系是进行数据治理的重要环节。数据治理相关标准分为基础性标准、数据性标准、管理性标准和服务性标准，具体包括数据分类与编码、数据资源目录、数据库规范、质量检查技术规程等内容。可以参考已有的国家、地方及行业标准，结合现有林业系统、业务流程，开展林业数据标准规范体系框架的建立、实施和修订等工作。

林业数据标准不能仅停留在纸面文件，而是要通过技术工具落地到技术实践、业务管理、应用服务的具体内容中，应用到数据管理和系统研发中，从而深入、长远地指导林业的数据应用和系统开发。

（3）设计完整高效的数据治理流程

数据治理流程可分为统筹规划、治理实施和评估优化3个阶段。

① 统筹规划阶段：本阶段首先要评估数据管理和应用现状，明确数据治理的具体目标，然后分析内外部环境和促成因素。内外部环境是数据治理所处的内部与外部环境，如政策法规、行业规范、服务需求与竞争力等。促成因素是指对数据治理成功实施起关键促进作用的因素，如制度、技术与工具、流程与活动等。数据治理要求林业在各个层面都要具备数据治理的意识，并通过适应数据环境、技术环境、战略环境等，逐渐形成自身的数据治理氛围，最终以氛围促进组织数据治理的落地实践。

② 治理实施阶段：本阶段要着重关注数据治理范围，治理范围描述了数据治理对象，主要包括战略、组织、架构、数据处理、数据管理、数据质量控制等。此外，实现林业数据安全与合规管理，要求林业系统建立有效的数据安全规范和策略，以确保数据资产在使用过程中具有适当的认证、授权、访问和审计等控制措施，从而满足数据安全保障要求。

③ 评估优化阶段：数据治理的方法论指引是评估、指导、监督。在数据治理工作的持续开展过程中，需要定期或不定期地评估实施过程及实施后的效果，及时全面深入了解数据治理当前的状态和差距，为下一步数据治理工作提供更准确的决策参考。本阶段需要基于数据治理成熟度评估模型，及时监督评估林业数据治理工作效果，从而推动林业数据治理工作的持续改进优化。

（4）实施持续优化的数据质量管理

林业数据质量管理包含对数据本身的质量管理和数据访问过程的质量管理。林业数据本身的质量高低通过准确性、完整性、一致性等数据指标来评估。林业数据访问过程质量则包括数据使用、存储、传输过程中对数据质量的控制和处理。

林业数据质量管理首先需要从宏观上了解数据内容，确定进行数据质量管理的数据范围，然后对其进行评估、分析、改进和控制。根据林业业务需求，定义林业数据质量管理的范围和所需要的资源，确定林业数据质量分析的维度、规则、评估指标，为数据质量分析提供标准和依据。在林业数据质量管理评估阶段，需要根据定义的数据范围和管理维度的映射关系，详细规划质量分析的规则和方法。数据质量评估阶段获得的原始信息是数据质量分析的输入信息。

林业数据质量管理分析阶段的任务是对评估结果进行分析，形成林业数据质量分析报告，分析数据问题产生的原因并确定改进方法。数据质量分析的结果作为数据质量改进阶段的输入。数据质量的评估改进一般从场景分析、评估指标、评估计划等准备工作开始，采用数据质量管理工具实施数据质量评估和改进，总结质量评估和改进是否达到预期效果，并抽取评估和改进过程的有关经验完善丰富相关知识库，根据需要制定优化方案，启动下一个评估和改进过程。林业数据质量管理控制阶段的任务是将改进方案作为业务营运的一部分，帮助业务部门和技术部门定期评估数据质量，并将评估结果报送数据管控组织。

林业数据质量管理的具体工作更多采用自动化工具完成，采用"自动化＋半自动化"治理控制模式，完成林业数据治理管理工作。

（5）打造先进实用的智能数据治理工具与服务平台

数据治理的核心目的之一是实现从数据资源到数据资产、从数据资产到数据能力、从数据能力到数据价值的逐步升华。这个逐步升华的过程需要依托于先进实用的智能数据治理工具与服务平台以提供全面的技术支撑。

智能数据治理与服务平台需要具备数据集成、数据存储、数据加工、数据资产管理、数据质量管理、技术开放和数据应用等多种功能。

在数据汇集、存储、深度加工、应用开发的过程中需要智能数据治理工具与服务平台提供相应技术手段支撑。林业数据类型多样，架构化与非结构化数据并存，这对智能数据治理工具与服务平台提出了更高要求。在数据汇集阶段，需要平台保障对多源异构数据及时、稳定地完成汇集，并做预处理，在汇集阶段就要尽可能保障数据质量；在数据存储阶段，需要结合数据本身特点以及加工开发需求，选择合适的存储技术组件，尽量减少存储成本；在数据加工阶段，则主要需要运用转化归一、后结构化等技术；在数据应用服务开发阶段则有可能运用到机器学习、知识图谱、矢量瓦片等新兴技术。

实现数据标准管理的技术落地是智能数据治理工具与服务平台数据资产管理的核心功能。林业数据标准需要通过平台提供的数据管理、数据整合、数据质检等技术工具落实到日常工作中。数据质量管理伴随从数据汇集到数据应用的全生命周期，这就需要智能数据治理工具与服务平台提供全链路的数据质量管理功能，包括质量规则管理、质量检查方案管理、数据质量报告、质量问题列表、质量问题跟踪和数据质量分析等。

（6）形成深入创新的数据应用能力

数据治理作为一项长期的基础性工作，治理效果的展现，主要体现在形成深入创新的数据应用能力。

"深入"代表着通过开展数据治理，可以为目前已经做的业务应用提供更有力的数据支撑，提升应用效果。例如，通过开展数据治理推动数据实现更大范围内的互联互通后，可以让用户获得的信息更丰富，如快速在线切片服务，为林业服务提供了更全面的决策信息参考。

"创新"代表着林业系统通过开展数据治理，提升数据质量，推进数据互联互通后，可以实现一些之前想做、但碍于数据现状做不了的数据应用场景。例如，实现用林业业务管理的"带图审批""图文一致"；基于治理的林业资源一体化数据库实现针对性的快速分析与统计，为领导决策提供快速支撑；基于数据治理成果，实现林业数据的二三维快速展示。

（7）夯实稳固可靠的安全保障基础

林业数据应按数据保护法律法规和业务需求，进一步制定机构级的数据隐私细分等级，通过数据访问管控系统实施各级隐私保护。针对公共数据可采用访问角色的控制管理机制，有限隐私数据和完全隐私数据的访问权限则依赖于具体业务应用，再结合数据使用目的和访问角色来处理该类数据流通。为避免恶意盗取源数据，通常要监控数据的访问流量并设置异常应急处置机制。采用数据隐私与安全访问管控体系，在确保隐私数据安全的同时，又可保证数据的价值。

林业数据治理全流程一般在林业大数据中心的安全保密环境下完成，数据仅存于内部局域网络或政务网络，因此，已经具备了基础性的安全保障。但是，数据安全不容有任何漏洞，在林业数据治理全生命周期，需要制定严格的安全保密管理制度，从人、机、网到整体环境，确保数据安全可控。

第3章 林业数据治理技术

林业数据治理，相较于广义上的数据治理，仍存在一定差异，它具有其核心特点，一是林业数据治理强调"一体化"，既是数据资源一体化，更是基准体系、软硬件配置、工作流程以及部门统筹一体化；二是它注重在信息化建设过程中的服务能力，高度重视数据时效与共享服务能力；三是其数据类型是强GIS数据，有别于常规数据类型，包含空间信息数据体量大，需要高度专业性的技术手段和人员来保障数据治理质量与效率。基于上述特点，有必要开展分析研究，充分利用当前数据治理以及大数据处理领域的新技术、新方法，结合GIS行业先进技术手段，根据林业数据治理实际需求，整理形成林业数据治理关键性技术，有针对性地开展林业资源一体化数据治理。

本章主要结合林业信息化建设要求，对林业数据治理工作关键要素做出归纳总结，就重点关注的基准体系、基础设施和共享能力建设等核心特点展开分析，并就如何提升数据治理效率提出指导性建议。针对这些要求，有目的地研究形成一套符合林业数据治理特点的关键性技术手段，涵盖资源目录建设、数据处理、治理控制、数据管理、应用服务、安全管理等全流程，强调数据一体化、体系一体化、服务一体化。林业资源一体化数据治理作为提升林业信息化服务能力的关键一环，需要充分以需求指导应用，综合利用先进的技术手段与方法，为"数字政府"建设提供丰富的林业资源支撑，为生态文明建设做好本底服务。

3.1 林业信息化建设要求

《中华人民共和国国民经济和社会发展第十四个五年规划和2035年远景目标纲

要》提出迎接数字时代，激活数据要素潜能，推进网络强国建设，加快建设数字经济、数字社会、数字政府，以数字化转型整体驱动生产方式、生活方式和治理方式变革。数字技术在赋能国家治理的同时，大数据将成为重要的战略性资源，各级政府部门运用大数据等信息技术建设数字政府，促进经济发展、提升政务服务和监管能力。利用"互联网＋政务服务"模式，把互联网的创新成果与政务服务深度融合，推动政务服务的技术创新、流程优化、效率提升，形成以优化服务为核心，以权力清单为基础，以共享协同为重点，以优化流程为关键，以技术创新为支撑，以监督考核为保障的政务服务发展新形态，为行政相对人提供覆盖全生命周期的、全流程、全天候、全地域服务。

"十四五"时期，为更好地满足企业需求和群众期盼，抓住推动政务信息共享、提升在线政务服务效率等关键环节，推进数字政府建设，加快转变政府职能，促进市场公平竞争。2021年，李克强总理在国务院常务会议上指出：一要构建统一的国家电子政务网络体系，推动地方、部门各类政务专网向统一电子政务网络整合，打破信息孤岛，实现应联尽联、信息共享。二要丰富全国一体化政务服务平台功能，构建统一的电子证照库，推广电子合同、签章等应用，在社保、医疗、教育、就业等方面提供更便捷公共服务，实现更多事项一网通办、跨省通办。三要完善国家人口、法人、自然资源、经济数据等基础信息库，提升数据资源开发利用能力。深化数字技术在公共卫生、自然灾害、事故灾难等重大突发事件应急处置中的应用。四要推动政务数据按政务公开规则依法依规向社会开放，优先推动企业登记和监管、卫生、教育、交通、气象等数据开放。健全制度，严格保护商业秘密和个人隐私。五要加强市场监管信息化建设，完善"双随机一公开"监管、"互联网＋监管"、信用监管等机制，提升食品药品、农产品、特种装备等的协同监管能力。六要强化网络安全保障，严格落实分等级保护制度，增强政务信息化基础设施和系统、数据安全保障能力[16]。

林业作为生态文明建设的关键点、美丽中国建设的助力剂，在数字经济创新发展建设过程中，林业信息化建设宜结合数字经济、数字政府建设布局，协同自然资源调查、评价、监测、数据与应用服务体系，聚焦"智慧林业"，创新发展绿色数字经济，赋能乡村振兴。《"十四五"林业草原保护发展规划纲要》提出推动各地积极探索构建林业资源管护的长效机制，加快现代化信息技术使用，建设林草生态网络感知系统，推行网格化、精细化资源管理；利用云计算、物联网、大数据、移动互联网和5G等新一代信息技术，推进"天空地人网"一体化生态感知体系和智慧林业建设，以信息化手段助力防灾减灾、监督管理，实现"早发现、早预警、早处置"，全面提升林草行业治理体系和治理能力现代化水平[17]。

时代的发展要求林业加快数字化发展，生态文明建设要求林业充分运用新一代信息技术手段，以一体化数据治理为抓手，做实"一套数"，绘好"一张图"，完善业务、政务、服务协同机制，构建"空天地"一体化感知体系，全面实现核心业务信息化，推动政务服务"一网统办"；建成资源监管、科学决策、政务服务的信息化体系，全面增强资源动态监测和生态感知能力、综合监管与科学决策能力、政务服务与开放共享能力，提升管理、生态保护和修复的精细化、规范化、智能化水平，推进治理体系和治理能力现代化。争取到"十四五"规划末期，建成与林业管理体制相适应的、统一融合的、高效安全的林业信息化体系，显著提升林业信息化管理水平，全面推进林业数字化改革。

3.2　林业数据治理要素分析

数据是信息化建设的基石，通过数据治理可提供优质的数据资源以稳固数据基石。林业资源一体化数据治理是一个长期、复杂的工程，也是一个系统性工程，是一个从上至下指导、从下而上推进的工作，其治理要素包括以下 6 个方面。

要素一：发展战略目标

战略是选择和决策的集合，共同绘制出一个高层次的行动方案，以实现更高层次目标。数据战略是组织发展战略中的重要组成部分，是数据管理计划的战略，是保持和提高数据质量、完整性、安全性和存取的计划，是指导数据治理的最高原则。林业资源一体化数据治理的战略目标是充分发挥数据资源的关键作用，建立健全一体化林业数据资源管理体系，助推林业数据资源共享开放，促进林业数据高效流通，推进林业数据在政务服务中的广泛应用，推动林业高质量发展，提升林业现代化水平，用信息化引领驱动林业现代化，实现"生态美、百姓富"的有机统一，为建设数字中国贡献林业力量。

要保证林业数据治理目标的实现，就必须对林业数据进行全流程管控。在加强数据质量要求的基础上，需要建立相应的制度和管理机制来保证从认知到执行的转变，让林业数据治理工作人员认清责任与义务，明确具体的工作要求。

要素二：数据治理组织

林业资源一体化数据治理是一项长期的战略任务，涉及林业工作的各个方面。为了保证工作落到实处，应由林业相关主要领导协调组织实施。实施过程中需要领导高度重视、常抓不懈，有关部门和单位分工协作、共同努力，充分发挥各业务部门在信息化建设中的需求引领和应用的主体作用，加强信息化部门与业务部门协作，而且必须始终如一地协作，以改善数据的可靠性和质量，从而为关键业务和管理决策提供支持，并确保过程遵守法规，形成有利于林业资源一体化数据治理建设的合力。通过建立专业的数据治理组织体系，进行数据资产的确权，明确相应的治理制度和标准，培养整个组织的数据治理意识，严格执行"统一规划、统一标准、统一制式、统一平台、统一管理"的建设思路，防止部门各自为政、重复投资的问题。

要素三：标准规范体系

为保证林业资源一体化数据治理建设在统一的标准下开展，在遵循现行国家、行业及地方信息化标准的前提下，结合林业信息化实际情况，在广泛调研的基础上，完善涵盖林业数据资源目录建设、多源林业数据汇集整合、林业数据质检、数据建库与更新、数据共享交换等在内的林业数据治理工作制度及数据技术标准规范体系，以满足在林业资源监管、林业资源保护、林业经营管理、林业政务服务等业务领域的信息化应用需求。其中工作标准包括数据治理工作规章制度、数据标准体系管理、数据安全管理；数据标准体系内容应涵盖：元数据标准、主数据标准、参照数据标准、数据指标标准等。数据治理的成效，很大程度上取决于数据标准的合理性和统一实施的程度。林业数据治理工作及数据技术标准规范体系的建设应既满足当前林业相关业务的实际需求，又能着眼未来与国土调查、自然资源调查监测、基础地理测绘等业务的标准接轨。

要素四：流程管理

流程管理包括流程目标、流程任务、流程分级。需根据数据治理的内容，建立相应的流程，且遵循数据治理的规章制度。

一要做好事前预防。通过加强战略目标及认知，贯彻落实林业数据治理工作制度及数据技术标准规范体系，将相关的制度规范和职责要求在系统中进行控制和约束，并在流转的各个环节中由相应的组织和角色负责，实施认责机制。

二要加强事中监测。应组织分析林业数据治理各阶段的数据质量问题，数据对业务服务的满足情况、数据空缺和质量恶化情况等，这些事中监测过程既需要规章制度的保障，也需要有可靠的工具或平台来进行监测。

三要进行事后评估和整改。需定期对林业数据治理状况评估，从问题率、解决率、解决时效等方面建立评价指标，记录并跟踪需要整改的数据问题，要求按期整改优化，必要时进行一定的考核，结合林业调查更新周期进行定期回顾。

四要综合各种方式进行数据治理。对于存在问题的林业矢量数据通过拓扑编辑、属性修改等方式进行处理；对于需要实地确认的，通过无人机、航拍、外业人员等进行采集更新修复；对于存在问题的林业影像数据，通过多源数据融合、几何校正等方式来修复；对于业务管理数据问题，通过与管理人员确定进行修订与补录等。

要素五：技术应用

技术应用包括支撑林业数据治理核心领域的工具和平台，例如多源数据汇集整合工具、数据质量管理系统、元数据管理系统、数据更新与共享等，它们是林业数据治理能够顺利开展的技术保障。只有建立丰富的林业数据治理工具和平台，才能从各个领域有效地进行林业数据的管理和治理，才能有效提高林业数据的整体价值。数据管理系统统一管理所有林业数据资产，包括元数据、数据模型、数据标准，以及其他重要的数据资产，并提供可视化的数据查询和展示功能，支持通过功能嵌入等方式实现数据资产的快速与便捷查询。数据质量管理系统落实数据质量问题的治理工作，实现数据质量问题的发现、跟踪、治理、评价的全流程闭环管理。搭建数据生命周期管理平台，落实数据生命周期管理机制。不断丰富业务系统的基础数据，持续加大数据积累和整合的广度、深度，建设统一的数据仓库平台，深度挖掘数据价值，及时发现并掌握信息变化和发展趋势，推进大数据在林业资源监管、野生动植物保护、自然保护地管护、灾害监测预警、资源空间配置等场景的应用，实现源头监管、全方位覆盖、环节掌控和精细化管理的目的，全面提升林业数据决策分析能力，助力林业业务数字化发展。

要素六：成熟度模型

我国于 2018 年发布了数据管理能力成熟度评估模型国家标准，《数据管理能力成熟度评估模型》（data management capability maturity assessment model，简称 DCMM）GB/T 36073—2018[18]，是我国数据管理领域首个正式发布的国家标准。该标准从组织、制度、流程、技术 4 个维度提出了 8 个数据管理能力域，包括数据战略、数据治理、数据架构、数据应用、数据安全、数据质量管理、数据标准、数据生命周期。每个能力域包括若干数据管理领域的能力项，共 28 个，分别是：数据战略（数据战略规划、数据战略实施、数据战略评估）；数据治理数（据治理组织、数据制度建设、数据治理沟通）；数据架构（数据模型、数据分布、数据集成与共享、元数据管理）；数据应用（数据分析、数据开放共享、数据服务）；数据安全（数据安全策略、数据安全管理、数据安全审计）；数据质量管理（数据质量需求、数据质量检查、数据质量分析、数据质量提升）；数据标准（业务数据、参考数据和主数据、数据元、指标数据）；数据生命周期（数据需求、数据设计和开放、数据运维、数据退役）。同时，将成熟度评估分为 5 个等级，如图 3-1 所示。

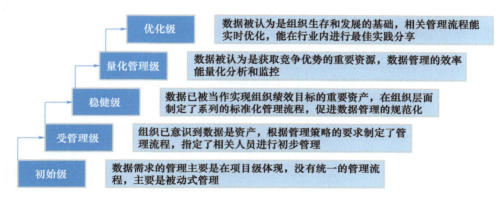

图 3-1　DCMM 的能力等级划分

林业数据治理必然带来新标准的确立和旧系统的改造，是一个有破有立、无破不立的过程。这一过程涉及大量跨部门、跨条线、跨系统的沟通协调，同时也涉及不小的投资。为了不使投入的人力、物力付诸东流，在治理前期就应该规划好各项规章制度和管理架构，保障后续的各项治理工作能够行之有效并且长期坚持。

3.3　林业数据治理关键技术

3.3.1　数据资源目录动态构建技术

林业资源一体化数据的核心建设内容包括对信息资源的有序管理，建立新模式下政府、组织和社会公众信息资源的"按需服务"模式。通过基于主题的数据资源目录动态构建技术实现数据资源的联动更新、动态组织、按需发布，满足不同用户的查询、检索需求，提高数据的共享、发布及应用能力。

数据资源目录动态构建是根据用户的选择调用预设的相应编目模板来实现可灵活配置的资源编目动态组织方案及面向不同角色用户展示的不同资源编目。其技术核心是基于目录技术和元数据技术提供的分布式异构信息资源管理、发现和交换服务。目录技术主要包括资源的分类、目录的构成、目录的结构、目录的存储和目录的查询等技术；元数据技术是对多样化的、多技术特性的信息进行结构化描述的方法。这两者都是管理和利用信息资源的技术方法。利用对不同类型数据资源的数据模型建立能力，结合目录技术和元数据技术，提出一种林业资源大数据多维信息编目管理技术（图3-2）。

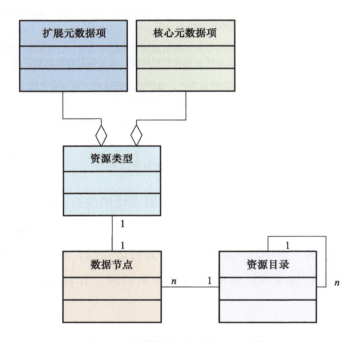

图 3-2　多维信息编目管理概念模型

同时，考虑到多维信息资源在存储和查询效率以及系统扩展性等方面的因素，将信息分为资源注册库和资源发布库进行存储。资源注册库负责公共基础数据、林业基础数据、林业专题数据等不同数据源中元数据的入库管理；资源发布库将资源注册库中的元数据抽取为目录后保存，并通过规则化的编目动态生成技术为不同用户提供数据编目并形成编目发布方案（图3-3）。

第 3 章 · 林业数据治理技术

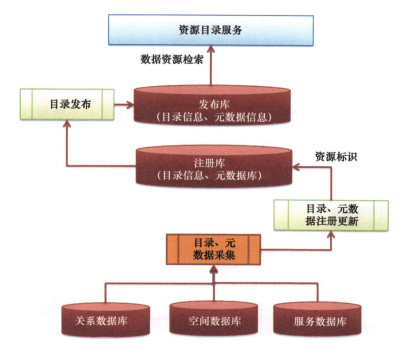

图 3-3　多维信息编目总体解决思路

3.3.2　数据自动化整合与质检技术

（1）数据自动化整合技术

数据资源整合是一项非常复杂的数据整合处理过程。根据用户设定的一系列规则，可以重新定义数据的结构及组织方式，以生成新的数据。从本质上讲，可以指定输入数据和输出数据之间的映射关系。

整合规则是对数据整合改造要素的抽象，是独立于数据内容，能操作和计算的一个最小单元。通过整合规则的逻辑组合，可以完成一个复杂的数据整合改造任务。

整合项是可以直接用于整合改造的最小单位，是整合规则或者整合规则逻辑组合的一个特定实例，定义了数据来源、数据目标以及整合方法。在一个整合项中，目标和源是一对一的关系，源可以是物理存储的一个对象，也可以是多个对象构造成的一个视图。

整合方案包含整合对象的数据库信息，以及整合项集合。在同一个方案中，任意两个整合项中的数据来源和数据目标不能同时相同。即：一个目标的不同数据可以来自不同的源；相同的源可以向不同的目标提供数据；一个源到一个目标的整合不存在多种整合方法；一个整合方案中，所有整合项的源属于同一个数据库；所有整合项属于同一个数据库。

基于数据结构模型的自动整合技术是依托统一数据标准体系，采用数据建模技术对多源的矢量数据、原始影像数据、影像瓦片数据、报表数据、文件数据和元数据，从数据结构出发，针对不同数据的结构特征，通过核心元数据、扩展元数据方式实现对各类数据的动态建模，形成对应的矢量数据库、原始影像数据库、影像瓦片数据库、报表数据库、文件数据库和元数据库，满足数据动态整合的需要，为数据共享和服务提供支撑（图3-4）。

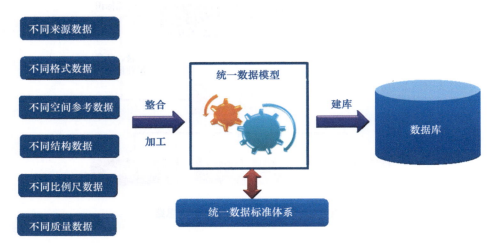

图3-4　基于数据结构模型的自动整合技术

（2）数据质量控制技术

根据数据整合标准，制定质量检查方案，检查内容包括从原始资料到成果数据，充分对数据的结构完整性、业务逻辑一致性、属性精度等内容进行检查，同时也对数据的组织结构、命名等按照数据成果标准进行检查，确保最终成果质量。

质检规则是对检查对象、检查参数以及检查方法的一种抽象和封装，它执行一个特定的元素级检查操作。质检规则库是在方法库的基础上建立的质量检查中最基本的规则的集合，规则库中主要包括数据基本要求检查、属性精度检查、逻辑一致性检查、附件质量检查等检查中涉及的一般检查规则。在实际应用时，可以根据这些规则建立不同的检查模型，实现自动化检查。

数据的质量检测依托于制定的检查方案。质检方案是在数据模型、质检规则以及评价模型的基础上建立的，质检规则对应检查内容。根据数据质检要求，通过进行数据模板设计、模型设计、质检规则设计形成质检方案。

基于质检方案，借助计算机人工智能技术加以分析判断，并通过质检方法库提供的各种检查方法自动完成大部分的数据质量检查任务。对于自动检查项目，可设置多个数据的批量自动检查，使多个检查任务进行自动的批量检查，并存储相关检查结果，输出检查结果报告。

通过对检查结果的统计，按照相关规定和标准对质检目标数据进行分类、分级及质量评价，并结合成果质量评价指标，对检查结果进行统计和评价打分。

针对一些难以完全通过自动检查的内容，可采用人机交互检查方式。通过合理的业务流程组织，将其拆分成多个步骤，最大限度地提供计算机辅助，并在人机交互检查过程提供方便快捷的交互检查工具、错误标识工具等，以便快速实现错误的定位及标记，以提高作业效率和错误检出率。

3.3.3 模型驱动数据管理技术

（1）基于组织模型的数据逻辑统一

一体化数据库从数据管理角度分为数据资源信息库和系统库，数据资源信息库主要管理各类实体数据，系统库主要是支撑数据库管理平台运行。

在数据资源信息库中元数据库是各类信息数据注册管理的核心，同时数据库管理平台对各类信息数据建立统一的目录，实现数据的统一管理。数据存储根据数据的不同特点采用不同的存储方式。不同类型的矢量、影像、报表、文件数据按照矢量数据库、影像数据库、报表数据库、文件数据库分别进行存储，它们的元数据统一通过元数据库存储（图3-5）。

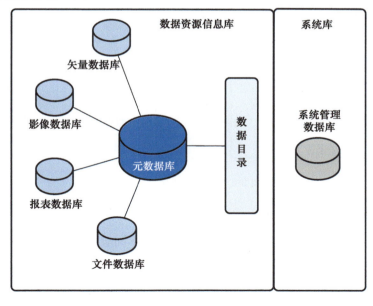

图 3-5　数据逻辑组织示意图

（2）基于存储模型的数据物理分离

根据不同数据的存储特征，按关系数据库、非关系数据库、文件库进行存储，实现数据的分布式物理存储（图3-6）。

关系数据库存储通常选择主流、通用型数据库进行存储，主要存储结构化的空间数据和属性数据等内容，采用读写分离技术，以及分片技术。对于分片首先按照类型/年份进行垂直分片，即按照数据类型/年份存储到不同的数据库表中，其次按照行政区（县级）进行水平方式分片，一年一表，一县一分区，每个分区存储到不同的数据文件中，以保证其检索效率。

非关系数据库存储主要用于汇总表格、各类元数据和索引信息等的存储，要求检索效率高以保证数据查询检索效率；其中NoSQL数据库主要存储影像瓦片、专题图等图像数据，采用Sharding架构进行分布式部署，节点之间采用Replica Sets副本集形式，以保证数据安全性和I/O速度，确保高并发情况下的浏览效率。

文件存储主要用于DOM影像实体文件和原始提交数据的实体文件存储，以及相关文件资料、图片、视频等资料存储，还有数据量较大的遥感影像数据等存储。

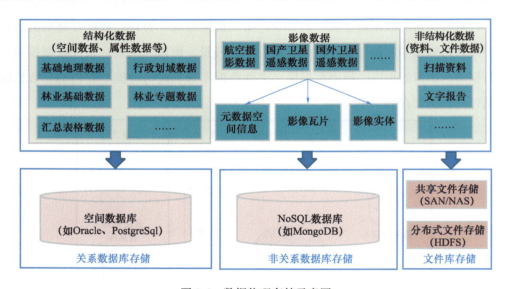

图3-6　数据物理存储示意图

（3）基于业务模型的数据应用管理

基于不同数据"物理分离、逻辑统一"，按照不同应用场景，在各类数据物理版本的基础上，通过元数据项与版本字典配置，进行业务版本建模，实现数据的应用管理。根据业务应用，分为归档库、资料库和成果库，如图3-7。

第 3 章 • 林业数据治理技术

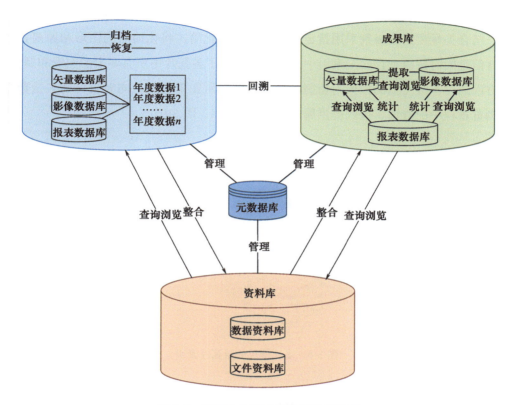

图 3-7 基于业务模型的数据应用管理

相关数据工程资料通过归档、汇集，形成归档库，归档后的数据经过质量检查和数据整合，形成多源数据资料库。归档库和资料库中的数据均需采用文件管理系统利用文件编目方式进行管理，并用元数据进行索引。资料库中的数据经过整合入库，形成成果库。成果库采用大型关系数据库进行数据存储，是数据库的主体。

3.3.4 矢量瓦片服务发布技术

矢量瓦片技术是解决海量矢量空间数据动态渲染与服务发布需求的，可通过矢量服务发布配置，支持预处理矢量免切片后的服务发布，也是支持从数据库直接读取配置信息和矢量数据，进行动态免切片的矢量服务发布。

在接近其数据原始精度的比例尺下，直接采用原始数据进行渲染，无须做切片索引；在中等比例尺下，将数据预处理为本级无损矢量瓦片并进行存储，前端依据显示比例尺实现对应层级的调用和渲染；而在小比例尺下，将数据预处理为有损矢量瓦片并进行存储，前端依据显示比例尺实现对应层级的调用和渲染。

（1）多比例尺矢量瓦片索引

结合矢量要素按级别采用指定算法进行要素化简，将化简后的图形和原要素的属性信息同时按级别存储至索引中。此方式保存了各瓦片中所有要素的图形和属性，一方面通过本级无损的抽稀与切割，达到屏幕显示图形无损，同时也可为矢量数据在浏览过程中的查询、过滤提供属性信息（图3-8、图3-9）。

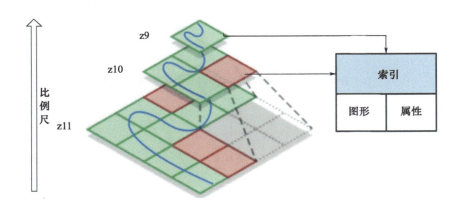

图3-8　多比例尺矢量瓦片索引

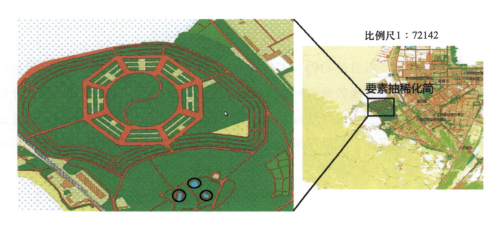

图3-9　要素抽稀化简

（2）高效渲染机制

通过索引调度和数据渲染分离、调度和渲染异步执行两个策略，实现高效渲染机制。前端渲染请求经调度器管理进程，指派调度进程调取数据索引；完成调度后由渲染管理进程判断和识别已空闲的渲染进程，指派空闲进程执行渲染，如此达到多个调度器与多个渲染器有效结合和充分利用系统资源的目标。

(3) 矢量瓦片调度与渲染流程

海量矢量数据的快速渲染首先需要基于原始矢量数据构建索引数据,并由客户端发起数据渲染请求。服务引擎在接收到客户端的渲染请求后,从数据库中提取相应空间范围的矢量数据,并结合样式文档,进行实时数据渲染,形成渲染结果文件(栅格文件)。客户端在得到渲染结果的反馈后,进行数据浏览展示,具体技术流程如图3-10所示。

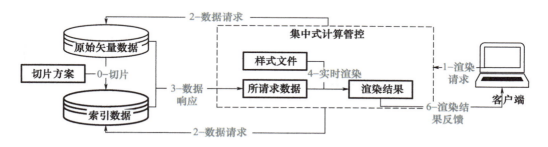

图 3-10 矢量瓦片调度与渲染程序

(4) 覆盖范围数据处理技术流程

采用矢量瓦片技术提高影像覆盖范围的浏览速度。一方面通过对矢量进行预处理以节省直接渲染时的处理时间,并且格网化后非空间过滤渲染不会再使用大资源消耗的空间查询,将条件过滤由数据库计算单元切换到渲染单元,可以通过增加渲染节点线性增强性能;另一方面,在覆盖范围渲染时,通过增加渲染节点,采用多机并行渲染的机制,提高渲染速度,同时在加载的时候,采用多线程并行调用矢量瓦片服务,大大提高覆盖范围的显示浏览效率(图3-11)。

图 3-11 覆盖范围矢量瓦片处理流程

3.3.5 大数据处理技术

林业资源一体化数据治理涵盖着海量数据,并且数据量随着时间呈指数增长,普通数据处理技术难以实现对大数据的即时化处理和对内外部需求的及时响应,故利用大数据处理技术支持林业资源一体化数据势在必行。

大数据处理技术目前通用的是 Hadoop 技术框架[19],主要包括以下几部分。

（1）分布式文件存储系统（HDFS）

分布式文件存储系统中数据以块的形式分布在集群的不同节点。在使用 HDFS 时，无须关心数据是存储在哪个节点上，或者是从哪个节点获取的，只需像使用本地文件系统一样管理和存储文件系统中的数据。

（2）分布式计算框架

分布式计算框架将复杂的数据集分发给不同的节点去操作，每个节点会周期性地返回它所完成的工作和最新的状态。

例如：计算机要对输入的单词进行计数，如果采用集中式计算方式，要先算出一个单词，如"Deer"出现了多少次，再算另一个单词出现了多少次，直到所有单词统计完毕，这将浪费大量的时间和资源。如果采用分布式计算方式，计算将变得高效。将数据随机分配给 3 个节点，由节点去分别统计各自处理的数据中单词出现的次数，再将相同的单词进行聚合，输出最后的结果。

（3）资源调度器

资源调度器相当于电脑的任务管理器，对资源进行管理和调度。

（4）分布式数据库

分布式数据库是非关系型数据库，在某些业务场景下，数据存储查询在分布式数据库的使用效率更高。

（5）数据仓库

数据仓库是基于 Hadoop 的一个数据仓库工具，可以用 SQL 的语言转化成 MapReduce 任务对 HDFS 数据查询分析。数据仓库的好处在于，使用者无须写 MapReduce 任务，只需要掌握 SQL，即可完成查询分析工作。

（6）大数据计算引擎

大数据计算引擎是专为大规模数据处理而设计的快速通用的计算引擎。

（7）机器学习挖掘库

机器学习挖掘库是一个可扩展的机器学习和数据挖掘库。

3.3.6　数据挖掘技术

林业资源一体化数据是一个富含宝藏的"百宝箱"，如何发掘数据"百宝箱"的巨大价值？数据挖掘技术提供了"钥匙"。

数据挖掘就是从大量的、不完全的、有噪声的、模糊的、随机的数据中，提取隐含在其中的、人们事先不知道的、但又是潜在有用的信息和知识的过程。数据挖掘的任务是从数据集中发现模式,可以发现的模式有很多种,按功能可以分为两大类:预测性(predictive)模式和描述性(descriptive)模式[20]。数据挖掘使用的技术很多,不同的挖掘任务使用不同的挖掘技术,下面是一些常用的数据挖掘技术。

① 基于概率论的方法。这是一种通过计算不确定性属性的概率来挖掘空间知识的方法,所发现的知识通常被表示成给定条件下某一假设为真的条件概率。在用误差矩阵描述遥感分类结果的不确定性时,可以用这种条件概率作为背景知识来表示不确定性的置信度。

② 空间分析方法。指采用综合属性数据分析、拓扑分析、缓冲区分析、密度分析、距离分析、叠置分析、网络分析、地形分析、趋势面分析、预测分析等在内的分析模型和方法,用以发现目标在空间上的相连、相邻和共生等关联规则,或挖掘出目标之间的最短路径、最优路径等知识。常用的空间分析方法包括探测性的数据分析、空间相邻关系挖掘算法、探测性空间分析方法、探测性归纳学习方法、图像分析方法等。

③ 统计分析方法。指利用空间对象的有限信息和/或不确定性信息进行统计分析,进而评估、预测空间对象属性的特征、统计规律等知识的方法。它主要运用空间自协方差结构、变异函数或与其相关的自协变量或局部变量值的相似程度,来实现包含有不确定性的空间数据挖掘。

④ 归纳学习方法。即在一定的知识背景下,对数据进行概括和综合,在空间数据库(数据仓库)中搜索和挖掘一般的规则和模式的方法。归纳学习的方法很多,如由 Quinlan 提出的著名的 C5.0 决策树算法、Han Jiawei 教授等提出的面向属性的归纳方法、裴健等人提出的基于空间属性的归纳方法等。

⑤ 空间关联规则挖掘方法。即在空间数据库(数据仓库)中搜索和挖掘空间对象(及其属性)之间的关联关系的算法。最著名的关联规则挖掘算法是 Agrawal 提出的 Apriori 算法,此外还有程继华等提出的多层次关联规则的挖掘算法、许龙飞等提出的广义关联规则模型挖掘方法等。

⑥ 聚类分析方法。即根据实体的特征对其进行聚类或分类,进而发现数据集的整个空间分布规律和典型模式的方法。常用的聚类方法有 K-mean、K-medoids 方法,Ester 等提出的基于 R-树的数据聚焦法及发现聚合亲近关系和公共特征的算法,周成虎等提出的基于信息熵的时空数据分割聚类模型等。

⑦ 神经网络方法。即通过大量神经元构成的网络来实现自适应非线性动态

系统，并使其具有分布存储、联想记忆、大规模并行处理、自学习、自组织、自适应等功能的方法，在空间数据挖掘中可用来进行分类和聚类知识以及特征的挖掘。

⑧ 决策树方法。即根据不同的特征，以树型结构表示分类或决策集合，进而产生规则和发现规律的方法。采用决策树方法进行空间数据挖掘的基本步骤如下：首先利用训练空间实体集生成测试函数；其次根据不同取值建立决策树的分支，并在每个分支子集中重复建立下层结点和分支，形成决策树；然后对决策树进行剪枝处理，把决策树转化为据以对新实体进行分类的规则。

⑨ 粗集理论。这是一种由上近似集和下近似集来构成粗集，进而以此为基础来处理不精确、不确定和不完备信息的智能数据决策分析工具，较适于基于属性不确定性的空间数据挖掘。

⑩ 基于模糊集合论的方法。这是一系列利用模糊集合理论描述带有不确定性的研究对象，对实际问题进行分析和处理的方法。基于模糊集合论的方法在遥感图像的模糊分类、GIS模糊查询、空间数据不确定性表达和处理等方面得到了广泛应用。

⑪ 空间特征和趋势探测方法。这是一种基于邻域图和邻域路径概念的空间数据挖掘算法，它通过不同类型属性或对象出现的相对频率的差异来提取空间规则。

⑫ 基于云理论的方法。云理论是一种分析不确定信息的新理论，由云模型、不确定性推理和云变换3部分构成。基于云理论的空间数据挖掘方法把定性分析和定量计算结合起来，处理空间对象中融随机性和模糊性为一体的不确定性属性，可用于空间关联规则的挖掘、空间数据库的不确定性查询等。

⑬ 基于证据理论的方法。证据理论是一种通过可信度函数（度量已有证据对假设支持的最低程度）和可能函数（衡量根据已有证据不能否定假设的最高程度）来处理不确定性信息的理论，可用于具有不确定属性的空间数据挖掘。

⑭ 遗传算法。这是一种模拟生物进化过程的算法，可对问题的解空间进行高效并行的全局搜索，能在搜索过程中自动获取和积累有关搜索空间的知识，并可通过自适应机制控制搜索过程以求得最优解。空间数据挖掘中的许多问题，如分类、聚类、预测等知识的获取，均可以用遗传算法来求解。这种方法曾被应用于遥感影像数据中的特征发现。

⑮ 数据可视化方法。这是一种通过可视化技术将空间数据显示出来，帮助人们

利用视觉分析来寻找数据中的结构、特征、模式、趋势、异常现象或相关关系等空间知识的方法。为了确保这种方法行之有效，必须构建功能强大的可视化工具和辅助分析工具。

⑯ 计算几何方法。这是一种利用计算机程序来计算平面点集的 Voronoi 图，进而发现空间知识的方法。利用 Voronoi 图可以解决空间拓扑关系、数据的多尺度表达、自动综合、空间聚类、空间目标的势力范围、公共设施的选址、确定最短路径等问题。

⑰ 空间在线数据挖掘。这是一种基于网络的验证型空间来进行数据挖掘和分析的工具。它以多维视图为基础，强调执行效率和对用户命令的及时响应，一般以空间数据仓库为直接数据源。这种方法通过数据分析与报表模块的查询和分析工具（如 OLAP、决策分析、数据挖掘等）完成对信息和知识的提取，以满足决策的需要。

3.3.7 数据安全技术

数据安全防护是为支撑数据流动安全所提供的安全功能，数据促使数据生命周期由传统的单链条逐渐演变成为复杂的多链条形态，且数据应用场景和参与角色愈加多样化，在复杂的应用环境下，保证林业重要数据以及用户个人隐私数据等敏感数据不发生外泄，是数据安全的首要需求。海量多源数据在数据平台汇聚，一个数据资源池同时服务于多个数据提供者和数据使用者，强化数据隔离和访问控制，实现数据"可用不可见"，是数据环境下数据安全的新需求。

（1）数据审计

数据审计能够对数据所面临的风险进行多方位的评估。通过数据包镜像方式对数据所有操作进行审计，提供事后追查机制。主要功能包括敏感数据发现、数据状态监控、风险扫描、数据活动监控等。同时提供旁路、探针、分布式等多种部署方式，为数据的各类应用环境提供高度灵活的部署方案，对数据的访问活动进行全方位的监控与审计。

（2）数据防火墙

数据防火墙即数据细粒度访问控制，实时分析用户对数据的访问行为，自动建立合法访问数据的特征模型。同时，通过独立的授权管理机制和虚拟补丁等防护手段，及时发现和阻断 SOL 注入攻击和违反林业数据规范的数据访问请求。主要通过：多因子认证、自动建模、攻击检测等手段进行访问控制。

（3）数据加密

数据加密基于加密算法和合理的密钥管理，有选择性地加密敏感字段的内容，保护数据内部敏感数据的安全。敏感数据以密文的形式存储，这样能保证即使在存储介质被窃取，或数据文件被非法复制的情况下，敏感数据仍是安全的。同时通过密码技术实现三权分立，避免 DBA 密码泄露带来的批量数据泄露风险。

（4）数据防泄露

数据泄密（泄露）防护（data leakage prevention，简称 DLP），又称为"数据丢失防护"（data loss prevention），有时也称为"信息泄漏防护"（information leakage prevention，简称 ILP）。DLP 这一概念来源于国外，是目前国际上最主流的信息安全和数据防护手段。它是通过一定的技术手段，防止企业的指定数据或信息资产以违反安全策略规定的形式流出企业的一种策略。其核心能力就是内容识别，通过识别可以扩展到对数据的防控。内容识别应该具备的识别能力具体来说有关键字、正则表达式、文档指纹、确切数据源（数据库指纹）、支持向量机，针对每一种能力又会衍生出多种复合能力。DLP 还具备防护能力，防护范围包括网络防护和终端防护。网络防护主要以审计、控制为主，终端防护除审计与控制能力外，还应包含传统的主机控制能力、加密和权限控制能力。

（5）数据库安全防护

结构化的数据安全技术主要是指数据库安全防护技术，可以分为事前评估加固、事中安全管控和事后分析追责 3 类，其中评估主要是数据库漏洞扫描技术，安全管控主要是数据库防火墙、数据加密、脱敏技术，事后分标追责主要是数据库审计技术。目前数据库安全防护技术发展逐步成熟，而在针对云环境和数据环境的安全方面，针对非结构化数据库的防护方案已经由一些技术领先的厂商提出，但技术成熟度较低。

（6）数据脱敏

数据脱敏是指对某些敏感信息通过脱敏规则进行数据的变形，实现对数据的隐私保护，是应用最广泛的隐私保护技术。目前的脱敏技术主要分为如下 3 种。

第一种加密方法，是指标准的加密算法，加密后完全失去业务属性，属于低层次脱敏。算法开销大，适用于机密性要求高、不需要保持业务属性的场景。

第二种基于数据失真的技术，最常用的是随机干扰、乱序等，是不可逆算法，通过这种算法可以生成"看起来很真实的假数据"。适用于群体信息统计和/或需要保持业务属性的场景。

第三种可逆的置换算法，兼具可逆和保证业务属性的特征，可以通过位置变换、表映射、算法映射等方式实现[21]。适用于一般安全等级的信息在数据加密后需要利用密钥再解密的场景。

在选择脱敏算法时，可用性和隐私保护的平衡是关键，既要考虑系统开销，满足业务系统的需求，又要兼顾最小可用原则，最大限度地保护数据隐私。

第4章 林业数据治理实践

林业数据治理面向数据治理能力现代化、自然资源信息化顶层设计和"数字政府"改革建设等新形势、新要求，通过进一步提升数据治理能力与挖掘数据价值，夯实以数驱动，深入支撑林业政务服务应用，全面提升林业数据资源信息化管理水平。林业数据治理工作是一项长期且复杂的工程，需要充分结合实际情况来进行长远规划和顶层设计，并通过不断实践来进一步完善数据治理框架体系与技术方法，以实现以数驱动的林业信息化发展目标。

本章以广东省林业资源一体化数据治理实践为例，对林业数据治理工作进行了详细介绍，通过对实践区数据资源的综合分析，结合广东省当前阶段数据应用的主要问题，归纳林业数据治理的主要工作内容，利用前文总结形成的数据治理框架模型和关键技术，形成林业数据治理工作标准化全流程。从宏观和微观、整体和局部、设计到实践等多维角度，对林业数据治理开展具体实践，并结合广东省林业资源一体化数据治理工作情况，开展实践效果分析。林业资源一体化数据治理工作是一项长期而且成体系的工作，需要充分利用新技术，研究新方法，在林业信息化与数据治理的新时代要求下，紧密结合林业数据实际与特点，开展林业资源一体化数据治理工作。

4.1 广东省林业数据治理需求

广东省是七山一水两分田的林业大省，截至2020年，全省林地面积1057.12万公顷，森林面积1053.22万公顷，森林覆盖率58.66%，森林蓄积量5.84亿立方米，林业总产值 8212 亿元。经过 70 多年的发展，广东省林业积累了庞大且珍贵的资源数据，包括森林、湿地、生态公益林、天然林、自然保护地、沙化、石漠化、红树林、古树名木等林业基础和专题数据，并形成了森林资源管理"一张图"，全省林业数据资源初具规模。但这些数据在全省范围内并未实现统一管理，存在分散存储和条块应用等情况，且格式、标准不统一，无法满足国家新时代政务信息化和广东省"数字政府"改革建设的要求。

《"十四五"林业草原保护发展规划纲要》提出加快林草大数据管理应用基础平台建设，形成林草资源"图、库、数"；广东省"数字政府"改革建设明确要以数据治理为支点，推动"数字政府"改革建设向纵深发展；《广东省林业政务信息化建设规划（2022—2025 年）》提出要建设"一库、两平台"，夯实数字孪生林业底座[22]，给广东省林业数据治理提出了明确要求。同时随着自然资源"两统一"职责的深入履行，以及广东省创建自然资源"双高"示范省工作的不断推进，以林地、湿地、草地三大地类为核心的林业管理工作，在数据治理支撑上的需求也越来越迫切。

因此综合开展林业资源数据治理，是迫在眉睫的大事，既要解决当前数据问题，也要构建数据管控机制，明确后续新生成数据的质量与规范性，并构建科学的数据更新机制，确保数据时效。

4.2 当前阶段主要问题

经过持续的林业信息化建设，广东省现有林业专项调查、生态修复保护、森林灾害应急、物联感知应用等方面的业务系统 20 多个，为林业发展提供了一定的信息化支撑。但是对标党中央、国务院"放管服"改革和广东省"数字政府"改革建设要求，对照林业信息化新形势、新要求和发展需求，广东省林业在数据资源管理及系统应用上都还存在一定问题。基于实时矢量数据的林业资源管理和监察监管能力还需大力加强；"集中同源、互联共享"的工作局面还没有完全实现，难以全面支撑全省林业资源监管和政务服务工作的各项要求。具体存在问题如下。

4.2.1 数据管理不完全

（1）数据覆盖范围不全，部分数据质量有待提升

林业数据资源具有获取方式各异、数据类型多样、数据来源不同、数据结构与

模型不一致、数据尺度不一等特点。目前已汇集的林业数据在坐标、空间拓扑和属性信息等方面存在一定质量问题。部分数据存在数据格式不一、坐标系不统一、数据字段缺失、图属不对应等问题，亟须建立有效的数据质量问题发现和解决机制，并通过现代化的数据治理手段逐步整改，为林业管理业务提供准确、权威的数据资源。

（2）数据现势性较差

林业全要素采集、更新的信息化水平有待提升，对林业资源的治理和动态更新的信息化能力还不足，林地资源仅完成年度调查更新，动态更新监管有待加强，亟须统一数据标准、统一数据治理手段。

当前仅有森林资源管理"一张图"等少量数据现势性较强，其他大量数据现势性较差，譬如湿地资源为第二次全国湿地资源调查数据，其数据版本为2014年。同时仅有少量数据（如：森林资源管理"一张图"）建立了常规更新机制，相关业务系统产生的数据回流动力不足，且部分回流数据质量不高，影响了数据的现势性。亟须完善业务管理数据的联动更新机制，确保高质量的业务数据及时回流更新。

（3）数据之间存在壁垒和孤岛

从横向来看，林业数据与国土、海洋、规划等基础数据由于存在标准不一、格式不一、交叉重叠、分散存储和条块应用等情况，且尚未形成有效共享机制，造成数据难流动、难汇聚、难沉淀、难应用等问题。

从纵向来看，部分政务服务的林业数据难以及时获取和更新，各级林业资源数据管理和存储能力不足，数据相对分散，分散存储、分散更新、独立应用，且存在存储介质、格式、遵循标准不统一等现象，现阶段暂无法及时实现省市县三级共享协同和充分利用。

4.2.2 数据治理不充分

目前广东省还未形成一套适用于林业数据资源的通用整合、质检工具，无法统一地对森林资源管理"一张图"、森林资源二类调查、林地保护利用规划等数据开展分析、处理、整合和质检工作。面对林业数据治理要求，目前数据治理能力方面的问题主要表现为。

（1）缺乏完整的数据治理体系

大部分林业数据缺乏完整的数据治理流程与体系。对数据问题常常是根据经验或者业务需要进行临时治理，没有建立完整的、系统化的数据治理体系。而且由于相关人员可能对实际操作的理解和熟练程度不同，导致数据的实际治理有一定的不确定性。

（2）数据分析整合质检能力有待提升

林业数据面大量广，业务应用需求多样且密集，这些都对数据质量提出了更高的要求。需利用信息化、自动化手段开展数据整合和质量检查，以保证林业资源数据的质量，支撑林业的分析计算，提供优质的数据支撑。

（3）数据按需定制分析和治理管理能力不足

面对林业管理领域丰富多变的业务需求，现有的治理工具尚不能根据用户的需求提供快速、灵活的多样化服务。需面向林业管理业务应用和宏观决策打造辅助决策工具和治理过程管理工具，支持快速创建任务及任务分配调度，结合数据、业务进行展示场景研发，进一步丰富数据内涵。另外，为拓展数据应用服务的深度和广度，也亟须研发数据管理和辅助决策工具作支撑。

（4）历史数据问题复杂，数据治理周期长

历史数据问题复杂，数据治理周期长具体表现为数据空间化程度不高，不同时相、不同来源数据之间存在冲突和不一致的现象，且因职权变更或系统改造升级等影响，问题往往难以追溯，大多需要行政手段干预，并在具体业务办理过程中逐步消化解决，治理周期较长。

4.2.3 数据服务不完善

在数据服务方面，广东省林业正在建设林业综合管理平台。一是为用林管理、政务办公、档案管理等提供了平台支撑，并准备与广东省统一身份认证中心、数据共享平台、地理信息公共平台等公共支撑平台实现对接；二是为"数字广东"和"智慧广东"建设提供基础服务；三是为各级政府部门、社会行业及公众提供有效的林业数据资源信息支撑。但距离"一网通办"还有提升空间，业务支撑还存在以下问题。

（1）各级标准未规范统一

未实现各级政务服务情况的重点监管，各级林业主管部门标准、内容未进行统一规范，权威的林业资源管理和监管机制还需进一步建设完善。

（2）信息化程度不高

用林业务管理主要采用线下方式，数据在综合管理与应用服务过程中信息化程度不高，导致各项数据服务工作量大，并且无法实现网上的全流程流转，造成各项工作效率不高。

（3）多方使用的数据不一致、数据更新不及时

一是现有审批模式无法对省、市、县各级的业务信息进行有效集成、串联，存在各级别业务过程需重复录入时前后不一致等问题；二是市、县级的审批数据更新不及时，与广东省林业局审核时所用的数据存在不一致。

（4）业务规则规范化、电子化不全面

业务办理过程中涉及的材料共有几百种，但仅有20余种制定了标准化表格，其余均为扫描件，再加上业务规则没有固定，相关人员对业务和政策法规的理解程度不同，导致业务规则的执行有一定的随意性。

（5）无法实现带图审批

由于当前用林业务特别是审核审批业务主要采用线下审核的形式，无法实现全流程网上流转，更无法实现审批过程中进行带图审批、图文联动，造成业务审批效率低下，操作不方便。

（6）无法有效进行监管分析

对于部分权限在市、县区的业务，省级无法有效、实时获取其审批过程和结果数据，造成省级较难掌握全省用林审核审批数据，较难支撑全省业务监管、辅助决策分析。

4.3 数据治理内容

广东省林业数据治理涉及组织体系、标准体系、流程体系、技术体系和评价体系5方面的工作领域，包含了数据标准、数据质量、主数据、元数据、数据安全等多方面内容。由于林业数据资源性质、业务特点、管理模式的不同，有必要建立符合广东省林业资源管理现状和林业信息化需求的数据治理框架，指导组织数据治理工作的开展。

（1）数据标准管理

数据标准适用于业务数据描述、信息管理及应用系统开发，可以作为经营管理中所涉及数据的规范化定义和统一解释，也可作为信息管理的基础，同时也是作为应用系统开发时进行数据定义的依据。涉及国家标准、行业标准、企业标准

和地方标准，在定义元数据实体或元素时进行关联。数据标准需要不断地补充完善、更新优化和积累总结，以便更好地支撑业务的开发和系统的集成。广东省依据自身林业数据特点和管理应用需求，构建起广东省林业资源一体化数据标准规范框架体系，形成包括基础类、数据类、管理类、服务类等系列的标准规范框架，为广东省林业资源一体化数据治理奠定基础。

（2）数据目录管理

全面梳理广东省林业各类数据资源，优化完善林业信息资源目录，明确林业信息资源分类、信息项、信息源头、共享交换条件等描述，为林业业务系统和政务信息共享提供数据资源清单，形成保障林业数据质量的标准和规范，为数据汇聚、存储、分发、交换和应用提供强制性的技术约束，确保林业数据治理工作规范与统一。广东省林业数据资源目录按照数据逻辑划分为公共基础数据、林业基础数据、林业专题数据和林业综合数据四大类，为林业数据资源构建提供分类与编码依据，并通过制定林业信息资源目录管理办法，明确林业信息资源目录编制和管理权责，建立目录动态调整机制。

（3）核心数据管理

核心数据管理是通过运用相关的流程、技术和解决方案，对组织核心数据的有效管理过程。核心数据是组织内外被广泛应用和共享的数据，被誉为组织数据资产中的"黄金数据"。广东省林业资源一体化数据治理中的核心数据主要包括林业基础数据、林业专题数据、林业综合数据等。核心数据管理是撬动数字化转型的支点，是数据治理最核心的部分。核心数据管理涉及数据的所有参与方，如管理者、使用者、应用程序、业务流程等，创建并维护组织核心数据一致性、完整性、关联性和正确性。

（4）数据更新

建立林业资源更新机制，保持资源数据现实性、可靠性和一致性。林业资源数据库是林业资源信息管理的核心，为了保持林业资源数据库的现实性和可靠性，必须及时进行数据更新。林业资源数据更新可以分为两类，即模型更新（又称软更新，如森林资源自然生长导致蓄积量、林分变化）和调查数据更新（又称硬更新，如造林和森林采伐等导致地类、林种等变化），林业数据更新以硬更新为主，辅以软更新，确保数据更新的可靠性。如森林资源数据更新，需遵循森林资源档案管理制度、相关的森林资源数据标准和数据库建设标准，以地理信息系统技术为基础，建立森林资源数据更新机制，对森林资源图形、图像、属性表、元数据信息、图件、报表和专题信息产品进行及时有效的更新,并保持森林资源数据库各信息之间的一致性。

(5) 数据共享

林业数据治理要为其他部门提供林业资源信息服务。为此,要以元数据管理技术、海量地理空间数据库管理、互操作技术为基础,建立林业资源一体化数据交换中心。通过标准化数据发布、数据发现、数据评价、数据获取、信息安全和数据质量管理,为林业数据的用户提供高质量的服务;并明确林业数据资源共享服务要求,制定科学的共享服务接口规范,确保数据共享能力与标准化。

(6) 数据质量管理

建立林业资源一体化数据质量管理体系,明确数据质量管理目标、控制对象和指标、定义数据质量检验规则、执行数据质量检核、生成数据质量报告。通过数据质量问题处理流程及相关功能实现数据质量问题从发现到处理的闭环管理,从而促进林业数据质量的不断提升。依托自动化整合质检能力,结合人机交互方式,采用行业内先进的技术手段,在数据治理全流程确保数据质量。

(7) 数据安全管理

数据安全应贯穿数据治理全过程,保证管理和技术"两条腿"走路。从管理上,建立数据安全管理制度、设定数据安全标准、培养全员的数据安全意识。从技术上,数据安全包括数据的存储安全、传输安全和接口安全等。当然,安全与效率始终是一个矛盾体,数据安全管控越严格,数据的应用就可能越受限,需要在安全、效率之间找到平衡点。

4.4 数据治理程序

4.4.1 数据资源目录建设

按照林业资源一体化数据标准规范,结合林业信息化需求以及工作基础开展林业数据的数据资源目录编制工作,对涉及的矢量数据、影像数据、属性数据、统计数据、资料数据、原始数据等进行组织管理。

林业数据资源根据内容和来源划分为公共基础数据、林业基础数据、林业专题数据和林业综合数据,每类数据下建立目录体系分支结构,如图 4-1 所示。

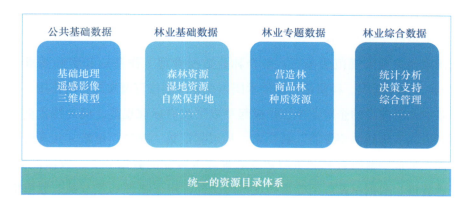

图 4-1　数据分类体系规划

（1）公共基础数据

公共基础数据包括多时相、多尺度遥感及航空正射影像数据（DOM）、数字高程模型数据（DEM）、基础测绘数据（道路、水系、居民地等）、行政区划（省、市、县、镇、村）、路网数据等。

（2）林业基础数据

林业基础数据主要包括历年来森林资源二类调查数据、森林资源管理"一张图"、湿地资源调查、自然保护地、行政（经营）界线范围数据、国有林场边界数据等。

（3）林业专题数据

林业专题数据主要包括生态公益林、天然林保护、红树林地、古树名木、林业病虫害、森林防火、石漠化监测、沙化监测、林业督查数据等。

（4）林业综合数据

林业综合数据主要以依据基础、专题数据综合分析形成的数据为主，主要包括统计分析、决策支持、综合管理等。

4.4.2　标准规范框架建设

（1）建设要求

通过广泛开展深入调研，以提升数据共享应用水平、规范林业数据资源综合治理工作为目标，充分分析已有标准规范的工作基础，构建一体化的林业资源数据标准规范框架。确定体系框架的"四梁八柱"，形成包括基础类、数据类、管理类、服务类等系列的标准规范框架；在标准规范框架基础上，明确标准的编制背景、目标、内容和编制计划以及版本控制的相关管理办法；结合实际应用需求，分步有序开展各类标准的编制与实施工作。

以国家相关技术规范为依据，结合林业数据管理工作基础和实际需求，按照"发挥企业、行业组织、科研机构和学术团体在标准制修订及实施中的作用，鼓励参与数字政府改革建设的企事业单位积极起草数字政府标准规范，促进技术创新、标准研制和应用实施的协调发展"新要求，从数据汇集、存储、更新、共享服务与应用等方面，形成一套符合林业资源数据管理业务特征的数据分类、数据汇交整合、数据资源管理、数据更新应用等系列规范性文件，用于指导和规范林业数据资源系列标准规范建设。

林业资源一体化数据标准规范体系框架建设涵盖了分类与编码、数据库设计规范、质量检查技术规程、元数据规范等一系列标准规范成果，并需要确保应用于工程实践中，全面指导林业数据治理工程的有序开展（图4-2）。

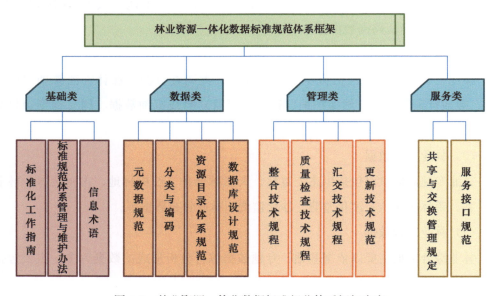

图4-2　林业资源一体化数据标准规范体系框架内容

（2）应用目标

① 着眼长远，需求引领。以重大项目为驱动，聚焦林业长远发展的关键需求，不断探索林业数据资源管理的科学方法，以需求引领标准规范体系框架建设，秉承科学的做法、严谨的态度、务实的作风、进取的精神、创新的思维，全面组织林业资源一体化数据标准规范体系框架建设工作。

② 突出创新，强化应用。探索建立新型林业数据标准规范体系框架，提升自主

创新能力，解决林业数据治理各个阶段如数据汇集、数据整合、数据管理、应用服务等方面的突出问题，既各个击破，又全链条完整。在"一网统管、一网协同、一网通办"、数据要素市场化、政务服务等领域主动探索研究，加强林业资源一体化数据标准规范研制。

③ 聚集资源，夯实基础。广聚自然资源体系下各类型标准规范建设经验，优化资源配置，重点打造可持续、可应用、可扩展、有深度的林业资源一体化数据标准规范框架，统筹标准规范框架建设工作，提前布局基础性工作，协同推进数据治理、平台建设、应用推广和人才培养的有机结合，支撑林业数据资源汇集一处、口径统一、标准一致、应用广泛。

④ 统筹规划，协同联动。注重顶层设计，科学分析林业数据资源管理的实际需求，统筹布局，持续优化内部运行机制，建立健全多方协同联动、高效运作的标准化协作体系；强化省地联动、部门协同，构建跨部门、跨区域、跨行业、跨学科的协同创新运行机制，加强与省直各单位、各地市林业部门在林业资源一体化数据标准规范体系框架建设上的衔接，提升其标准化成果水平和应用效力，增强标准的科学性与适用性。

4.4.3 数据汇集

林业数据资源规模巨大、来源分散、格式多样，为确保林业资源一体化数据治理的成果质量，要从数据源头做好质量控制，规范数据汇交程序，采用离线报送、线上汇交、在线接入等方式，收集林业数据资源。基于定制研发的数据汇交工具，制定汇交任务管理计划，实现依托工具进行汇交任务管理、汇交资源目录管理、汇交质量校验、汇交进度查看及治理计划安排等。依据建设目标和服务对象，按照急用先行的原则规划数据汇集工作，先收集林草湿资源历史现状数据、自然保护地、公益林、商品林、红树林、沙化、石漠化等林业应用相关度较高的数据资源，后续继续收集辅助或支撑数据分析工作的数据资源。同步通过服务接口接入基础地理信息数据、社会经济数据，用于辅助支撑林业业务。

1）汇交数据结构分类

根据结构性质分类，林业资源数据可分为矢量类数据、栅格类数据、管理类数据。

矢量数据主要为图形数据，用来表示实体的位置、形态、大小分布等各方面的信息；栅格数据主要为各类遥感影像数据；管理数据主要以各种文档、报表和多媒体等形式存在，包括结构化数据和非结构化数据。

2）汇交方式

（1）离线报送

离线报送采用线下提交、线上抽样复核流程，数据提交频率分为阶段性成果、定期成果、实时成果。

总体流程如图 4-3 所示。

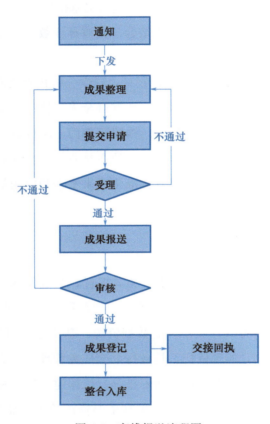

图 4-3 离线报送流程图

（2）线上汇交

线上汇交方式依托数据汇交工具，采取"用户注册—推送—整理—质检—入库"的方式，将林业资源横向数据和各级节点数据通过汇集用户服务注册中心完成身份认证并上传数据，由数据治理人员对数据包及相关文件进行安全性、完整性、规范性以及数据基本质量校验。若数据存在问题，则编制数据分析报告反馈数据的具体问题及整改意见；若通过，则汇交至汇交资源目录，排进数据治理计划。

（3）在线接入

在线接入采取接口"连接—聚合—传输—整理—入库"的方式，将各省级平台数据、各部门数据库通过特定接口及数据传输工具接入，接入数据的系统中可内置质检工具，数据治理人员对传输的数据进行安全性、完整性、规范性以及数据质量校验。若未通过，则编制数据分析报告反馈数据的具体问题及整改意见；若通过，则转入汇交工具的汇交任务管理模块中，同时编入汇交资源目录体系，安排数据治理计划。

4.4.4 数据整合

林业资源一体化数据整合主要包括对资源分散、标准不规范的各类林业矢量数据、影像数据以及档案数据进行整理，实现林业资源数据的标准化整合与统一管理，梳理完善数据之间的关联关系，为林业数据信息化管理、林业政务信息化建设提供权威的数据和服务支撑。

1）矢量数据整理

矢量数据的整理工作包括数据分析、数据评价、数据问题整改、数据标准化整合和元数据整理。

（1）数据分析

数据分析主要包括数据来源分析、数据格式分析、数据坐标分析、数据组织分析、数据图形分析、数据属性分析等，根据每一类数据分析的情况，编写具体的数据分析报告。林业矢量数据资源来源多样，如不加分析，直接进行整合使用，对数据应用服务必将产生负面影响。

（2）数据评价

参照现行相关标准规范，结合收集的数据资源，对待整合的数据进行数据分析评价，形成原始数据分析评价报告。

针对矢量数据以及相应元数据质量检查与质量评价，可以用于原始数据质量评价，可以用于整合数据入库前的质量控制，也可以用于成果数据的最终检查和验收。除了应具备全面可靠、有针对性的数据检查方法之外，还应具备自动、高效、稳定的检查手段，保证数据成果的正确性与一致性，提高质量评价工作效率。数据质量评价流程如图4-4所示。

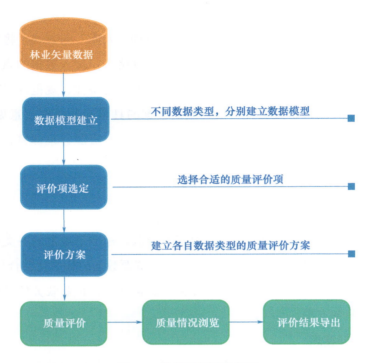

图 4-4 数据质量评价流程

基于数据质量评价常见检查内容（表 4-1），可形成数据质量评价模型，并使用软件自动化执行形成质量评价结果和质量检查报告。

表 4-1 数据质量评价常见检查内容

检查分类	检查项目	序号	检查内容
数据完整性检查	目录及文件规范性	1	是否符合电子成果数据内容的要求，是否存在丢漏
		2	是否符合目录结构和文件命名的要求
	数据格式正确性	3	是否符合规定的文件格式
	数据有效性	4	数据文件能否正常打开
	元数据	5	是否符合元数据标准要求
空间数据基本检查	图层完整性	6	必选图层是否齐备
	数学基础	7	坐标系统是否采用"2000 国家大地坐标系"
		8	高程系统是否采用"1985 国家高程基准"
	行政区范围	9	县级及县级以上行政区范围是否与本数据所依据的行政区范围一致
		10	除境界与行政区以外的图层要素是否超出行政区范围

(续)

检查分类	检查项目	序号	检查内容
空间属性数据标准符合性检查	图层名称规范性	11	图层名称是否符合要求
	属性数据结构一致性	12	图层属性字段的数量和属性字段名称、类型是否符合要求
		13	图层属性字段的长度、小数位数是否符合要求
	代码一致性	14	字段值是代码的字段取值是否符合要求
		15	每个图层要素代码字段的取值是否唯一并符合要求
	数值范围符合性	16	字段取值是否符合规定的值域范围
	编号唯一性	17	编号字段取值是否唯一
	字段必填性	18	必填字段是否不为空
	图层内属性一致性	19	检查不同图层对应的属性值是否符合关系条件
		20	同一图层中相关属性值是否符合关系条件
		21	行政区代码字段是否与所在行政区代码相匹配
空间图形数据检查	点层内拓扑关系	22	层内要素是否重叠
	线层内拓扑关系	23	层内要素是否重叠或自重叠、相交或自相交
	面层内拓扑关系	24	层内要素是否自相交
		25	层内要素是否重叠、是否闭合
	面层间拓扑关系	26	不同图层间的要素是否符合相应落入关系
	线面拓扑关系	27	行政区界线层要素是否与行政区面层要素边界重合
	碎片检查	28	是否依据相关标准或设计要求
	碎线检查	29	是否依据相关标准或设计要求
表格数据检查	表格完整性	30	必选表格是否齐备，是否满足要求
	表格数据结构一致性	31	表格字段的数量和字段名称、类型是否符合要求
		32	表格字段的长度、小数位数是否符合要求
	表格数据代码一致性	33	字段值是代码的字段取值是否符合要求
		34	每个表格要素代码字段的取值是否唯一并符合要求
	表格数值范围符合性	35	字段取值是否符合规定的值域范围
	表格字段必填性	36	必填字段是否不为空
	编号唯一性	37	唯一值字段取值是否唯一
图属一致性检查	图属一致性	38	不同表格、图层的相关数据是否符合关系条件
		39	图上面积和属性面积是否一致
	规模符合性	40	规模小的要素面积不应大于规模大的要素面积
	地类符合性	41	数据只包含部分条件类别
	图形一致性检查	42	栅格格式与矢量格式图件内容是否一致

（3）数据问题整改

支撑林业管理业务的数据资源门类较多，经过对基于林业业务逻辑的数据资源进行分析和质量评价，发现存在面重叠、拓扑错误、坐标错误、飞点、面空洞、属性错误等数据问题。

同时，由于数据提交的部门较多，各部门之间生产的数据缺少沟通，导致相关联的数据存在衔接问题。如：国家公益林与红树林存在相交的部分，森林资源管理"一张图"涉及多部门衔接。

基于林业资源一体化数据存在的问题类型，要立足林业信息化办理、林业政务服务一体化应用需求，重点分析数据问题给当前林业各类型审批业务职能带来的应用缺陷。然后，根据数据存在的问题和造成的应用缺陷类型，明确各类数据的整改措施。整改措施应根据林业资源一体化数据分类及具体情况进行区分，具体措施包括以下几种方式。

① 将存在严重问题的图斑制作成问题核查底图，重点绘出问题图斑，同时编制专项分析报告，随底图下发至原数据责任单位，要求其逐项目、逐地块调查核实且无质量问题后提交；

② 就部分数据业务交叉问题与相关数据管理权责单位进行协调对接，对相关矛盾图斑进行核实；

③ 对于数据问题不多的，将错误数据和图形按照表格及图件的方式导出，并逐条与原生产部门进行信息确认，同时采用数据纠错机制，对部分错误信息进行更正，对无效值和图形进行清洗，对存在问题的项目进行整改与撤销，通过接口更新逐步完善。

（4）数据标准化整合

按照构建的林业资源一体化数据标准规范体系，开展数据的标准化整合，通过数据分析与检查、数据映射与抽取、数据预处理、数据标准化整合、质检审核等操作，形成具备统一空间参考和质量标准的数据。按照制作的对照映射关系，利用软件工具进行自动化处理，实现数据模型结构统一、内容值域统一、数学基础规范、文件命名规范、目录组织规范、数据关系建立等要求，输出成果主要为数据标准化后的处理成果，将林业数据整合到可以进行入库的状态（图4-5）。

数据资源的标准化整合工作，一方面是从单项数据的规范性进行质量分析、清洗、整合、标准化处理；另一方面是按照林业专题的主线，从业务运行角度出发，分析各相关数据之间的质量问题，在业务应用中利用数据相互印证的方法，建立数据入库前和数据运行的纠错机制，提升各类数据的质量。

（5）元数据整理

元数据整理贯穿数据收集、数据检查、数据整合、成果汇交等各个生产环节。

元数据是数据不可分离的一部分,其质量纳入数据质量控制和检查的工作范围。

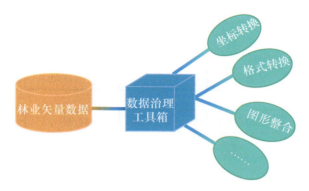

图 4-5　数据标准化整合

对于部分数据已带有元数据的,应先对元数据进行核实,存在问题的应先纠正修改。对于空间表达的元数据要参考成果数据的标准化整合步骤,进行坐标统一、格式统一、制作转换模型、进行拓扑处理和质量检查,最后按照统一的元数据规范进行建库和管理。对于以文档或表格形式表达的元数据,应按照元数据规范给出的统一的对应数据类型元数据制作要求,进行元数据核实、纠正和整理。

对于成果数据缺失元数据的要依照元数据规范和成果数据相关信息及成果数据应用要求,并参照相关行业规范文件,对入库的数据进行元数据采集,并输出为标准元数据文件,以 XML 文件格式存储。采集完成后还应检查元数据内容是否完整,必填项内容是否不为空值等。

2)影像数据整理

林业影像数据目前主要包括各年度高分辨卫星影像和无人机影像等,针对林业影像数据整理主要包括影像预处理、影像质量分析、影像数据处理以及成果质检。影像数据总体处理技术路线如图 4-6 所示。

(1)影像预处理

影像预处理主要指以获得的影像数据通过各类预处理工作,确保满足影像数据的正常使用。例如,部分快纠影像未构建金字塔及快视图,为方便影像查看及后续使用,需要进行影像金字塔和快视图构建。其他由于源数据问题导致需要处理的,需根据实际情况,开展影像数据坐标及投影转换等工作。

(2)影像质量分析

影像数据大多来源于广东省卫星中心,其中部分自然资源卫星影像和商业采购影像数据质量参差不齐,需要对整体的影像质量进行分析,来判断单景影像是否适合后续使用。通过约束影像的云覆盖、拍摄时间、几何质量、成像质量、覆盖范围等条件对影像数据进行挑选，作为后期待处理的原始数据。

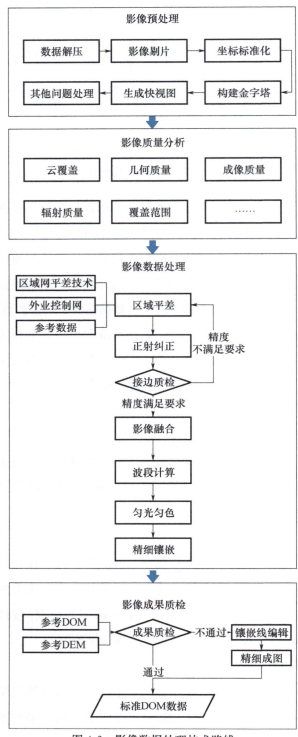

图 4-6　影像数据处理技术路线

影像质量分析可以通过人工判读和软件检查来实现。人工判读主要是通过目视的方式对单景影像或者影像快视图进行检查，主要检查影像色彩、模糊程度、云量等。通过影像质检软件可对影像的云量、噪声、辐射等进行质量检查。

（3）影像数据处理

影像数据处理是基于影像超大规模整体联合区域平差、自动寻址镶嵌算法生成镶嵌网、实时处理、基于匀色模板的空间逐块匀色的智能化匀色处理等关键技术，进行高清遥感影像预处理生产。

① 区域平差

针对多源大规模光学卫星影像的平差定位难题，利用区域网平差技术，进行外业控制网构建，实现影像的空间几何一致性，建立统一的多尺度卫星影像控制体系，实现多源海量数据一次性联合平差，为后续卫星影像几何更新定位提供统一的参考基准。

② 正射纠正

基于对遥感监测初始数据库建设的支撑，以数字地面模型为参考数据，对更新 RPC 后的影像数据进行正射纠正处理，解决影像由于地形起伏造成的几何畸变问题，实现影像正射纠正的自动批量化处理。

③ 接边质检

对正射纠正成果与参考 DOM 做绝对精度套合检查，检查精度是否符合生产要求，若符合生产要求，进行下一步生产；若不符合生产要求，挑选出问题影像，分析偏差症结，按照生产技术路线，再次通过连接点、控制点规划匹配，进行区域平差构建，直到所有数据正射纠正后的影像精度满足要求。

④ 影像融合

利用全色影像正射结果与多光谱影像正射结果构建配对模型，使用影像融合功能进行影像融合生产处理。基于 Pansharpen、PCA、HIS 等多种可选择的融合算法及纹理增强技术，在保留多光谱影像的光谱特征情况下，进行信息优化，实现对融合结果不同地物纹理效果的增强，提高影像分辨率，以突出有用的专题信息，消除或抑制无关的信息，改善目标识别的影像环境，使融合成果具备高光谱保真度。

⑤ 波段计算

对影像融合成果做波段重组，以并行化处理的方式，批量、稳定进行单影像内波段计算和多影像间波段计算，最终保留影像红、绿、蓝 3 个波段的光谱信息，获得真彩色正射影像成果。

⑥ 匀光匀色

通过匀光匀色消除影像在获取过程中由相机参数、光学透镜成像的不均匀性、曝光差异、摄影角度、光照条件、大气条件以及地物属性等方面影响而导致影像内部和影像之间出现的亮度分布不均匀和色彩差异。这些差异将直接影响最终生成的正射影像质量，从而进一步影响用户的目视判读。利用基于匀色模板的空间逐块匀色的智能化匀色处理技术，实现对影像成果的匀色处理。

⑦ 精细镶嵌

以正射影像数据集和图幅信息为输入数据的全自动镶嵌裁切业务，是基于接缝线自动寻址技术和镶嵌网自动生成技术生成标准矢量格式的镶嵌网文件，无须人工构建拓扑网。自动生成的接缝线较大程度上遵从了自动避让连续地物、尽量沿线状地物生成等原则，实现了正射影像精细化镶嵌成图的全自动处理。镶嵌后得到的较大范围正射影像接边处地物合理接边，人工地物完整，无重影和发虚现象。

(4) 影像成果质检

通过对镶嵌成果进行色彩一致性的匀色检查和镶嵌检查，对镶嵌成果可以进行匀色处理策略调整等相关参数设置，在预览工具中进行预览达到清晰度与色彩一致性均达标的要求；对于镶嵌不理想的成果可以采用镶嵌线编辑工具进行调整，调整完毕后使用精细成图进行产品生产。

3）档案数据整理

林业档案数据目前主要包括林业企事业机构、林业相关产业数据、动植物保护名录等，数据整理必须以纸质或电子档案为依据，在建库、核对、调查的整个过程都需要使用档案数据，以保障数据的准确性。由于各个业务的数据库数据、电子台账数据、档案数据因历史原因导致标准不一、台账信息不全等，因此上述数据的整理必须结合档案资料进行相应上图、核对。

(1) 档案数据空间化

对档案数据中含有坐标点串的统计表格数据、文档数据进行空间化、图形化处理，构成管理图形要素。

对含有坐标信息的档案，分析后对具备利用价值的相关页面进行扫描并进行文件编号，形成电子化文件，便于后续信息提取与检核、校验。

在经过分析后，档案数据中存在空间信息并具有重要意义的，通过文字智能识别与人工录入校核相结合的方式，分别从扫描的文件中提取对应项目的坐标信息，并按档案记录的重要属性信息进行组织，为下一步坐标展点上图提供数据基础。

对于提取坐标信息的数据，可采用专业的空间数据处理软件和技术手段，将坐标点展点上图,并建立线、面拓扑关系,挂接属性信息,生产对应的矢量数据。

(2)档案数据电子化

对档案数据中含有图片、纸质文档等附件材料信息扫描形成电子成果,以 PDF 格式存储,并通过项目名称或者项目编号等关键字段进行成果关联。

4.4.5 质量控制

为确保林业资源一体化数据成果的质量,充分发挥好各阶段数据质量控制的作用。依据地理信息和林业数据质量检查的相关规定,在全面考虑林业资源数据汇集、整合建库、质量管理、过程质量控制等工作的实际情况下,通过开展全过程质量检查工作,对影响成果质量的资料、技术、流程等主要要素进行控制,及时发现并解决治理中出现的质量问题,采用"预防为主、防检结合"的手段将成果的质量隐患消除在数据源头环节,确保林业资源数据成果的真实、准确和可靠。

为保证林业数据的汇集、整合、入库、应用与服务等过程的顺利实施,应首先以 ISO 质量管理体系等国内外相关标准规范为基本依据,建立完善且科学有效的质量检查机制。

在质量管理机制方面需落实以下内容。

一是建立成果质量分级管理制度,按照任务分工落实相应的质量责任,建立逐级质量控制的组织管理机构,形成明确的质量管理目标、质量管理职责、质量管理程序和办法;还应随着检查工作推进,建立质量检查监督体系,实时监督质量检查标准执行和作业检查情况,实时检验质量检查方案的可靠性和缺陷性。

二是建立严格的质量控制体系,采用正确的技术路线和技术流程,并对检查工作过程中的各个环节进行严格的质量监控,对质量控制内容和指标进行量化,使质量控制体系更为有效和完善,并最终达成按时完成检查工作任务、确保检查成果真实性和准确性的目标。成果质量的检查严格实行"多级检查、一级验收"制度,采用程序自动检查、人工检查、人机交互检查等多种检查方法相结合的方法。

在质量检查措施方面应落实以下内容。

一是建立并通过统一口径的数据汇集、标准化的数据模型转换、一致性的元数据管理、规范性的数据标准体系、系统性的数据质量控制、完整的数据生命周期管理、有机的数据分布和存储管理等途径,确保数据在整个生命周期中始终保持高数据质量。

二是为保证成果质量,结合现有数据情况与标准规范,在数据汇集、数据整合、成果输出等阶段进行质量检查,力争做到及早发现问题、解决问题。

(1) 检查方法与程序

质量检查基于质检方案，采用自动检查、人机交互检查和人工检查相结合的质检方法，具体技术路线如图 4-7 所示。

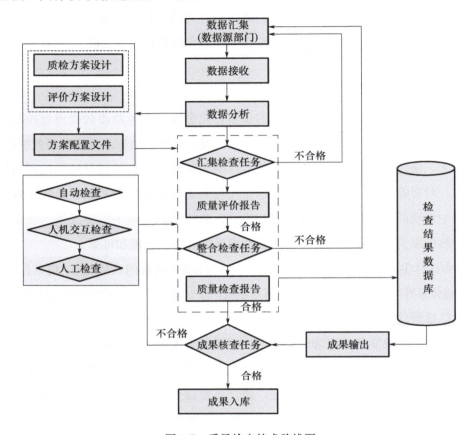

图 4-7 质量检查技术路线图

自动检查：采用专业配置的检查软件，根据数据类型设计相应质量检查方案和评价方案，通过软件程序自动运行质检任务，输出质量检查明细与质量检查评价分析报告。

人机交互检查：在软件自动检查的基础上，通过人机交互方式进行错误的筛选及人工分析，并对非自动检查项进行人交互检查，形成检查记录文档。

人工检查：检查人员应根据有关标准或要求、专业知识及经验进行数据检查。主要用于计算机软件难以实现的数据检查。人工检查主要包括资料对比检查、经验判断检查和打印输出检查等。

林业数据质量检查程序包括数据汇集阶段质量评价、整合阶段检查和成果输出阶段核查 3 个阶段，各阶段检查内容如图 4-8 所示。

第 4 章 · 林业数据治理实践

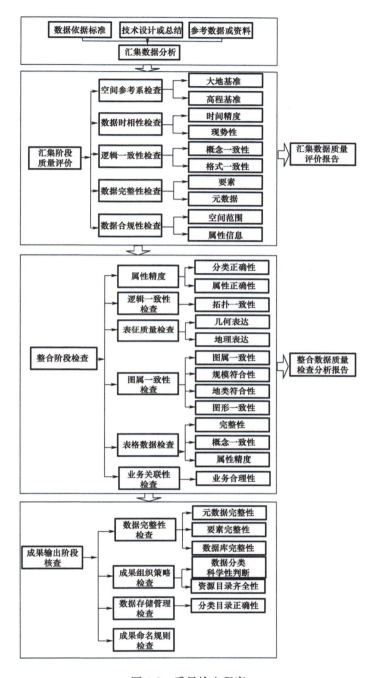

图 4-8 质量检查程序

（2）检查内容

对于支撑林业数据信息化管理、林业政务信息化建设的数据，重点在图形、属性、表格和业务应用支撑等方面开展检查，并结合数据特征列出与业务管理活动相关度较高的检查项，其他技术检查内容依据相关标准规范执行，具体检查内容见表 4-2。

77

表 4-2 数据质检常见检查内容

编号	质量元素	质量子元素	检查项	描述	检查项要求	检查方法	检查阶段
1	空间参考系	大地基准	坐标系统	检查坐标系统是否符合要求	检查坐标系统应为 CGCS2000 国家高程基准	自动	汇集阶段
		高程基准	高程基准	检查高程基准是否符合要求	高程基准应为 1985 国家高程基准	自动	汇集阶段
2	数据时相性	时间精度	数据时间	检查数据源资料的现势性	数据源的现势性与元数据现势性应匹配	自动	汇集阶段
		现势性	应用时效性		数据源的现势性应满足应用需求	自动	汇集阶段
3	逻辑一致性	概念一致性	属性项	检查属性项定义的正确性	所有空间要素属性项定义是否符合要求（如名称、类型、长度、顺序等）；必填字段是否不为空；所有业务表格数据的表格字段的数量和字段名称、类型是否符合要求；表格字段的长度、小数位数是否符合要求	自动	汇集阶段
			数据集	检查数据图层或数据库结构是否符合要求	数据库图层结构定义是否正确；提交的数据集是否与标准数据结构定义保持一致；图层名称是否符合要求；必选图层是否齐备	自动	汇集阶段
		格式一致性	数据格式	数据文件格式是否符合要求	矢量数据采用 *.shp、*.mdb、*.gdb 文件格式，元数据应采用 *.xml 文件格式，文档应采用 *.doc、*.pdf 文件格式；表格应采用 *.xls、*.xlsx、*.mdb 文件格式；文本应采用 *.txt 文件格式	自动	汇集阶段
			数据文件	数据有效性	数据文件是否缺失、多余或无法读出	自动	汇集阶段
			数据目录	目录及文件规范性	数据文件目录组织是否逻辑清楚并符合相关标准或技术要求；栅格格式与矢量格式图件内容是否一致	自动	汇集阶段
			文件命名	检查文件名是否符合要求	提交成果应详述成果资料的组织原则、目录和文件的命名规则，至少应包括行政地区代码、项目名称等重要信息	自动	汇集阶段

(续)

编号	质量元素	质量子元素	检查项	描述	检查项要求	检查方法	检查阶段
4	数据完整性	要素	要素多余	检查要素多余个数、存放错层的情况	各类数据图层是否均符合要求，无图层多余、要素存放错层的情况	自动	汇集阶段
			要素遗漏	检查要素丢漏的情况	检查各类数据图层缺失、空图层的错误	自动	汇集阶段
		元数据	元数据文件	检查元数据文件是否齐备	检查各类专业基础数据、业务管理数据和公共政务数据的元数据是否完整	自动	汇集阶段
			内容正确性	检查元数据是否符合制作要求	检查元数据覆盖范围是否准确，元数据属性信息是否正确、完善	自动	汇集阶段
		附件	附件	检查与数据相关的附件资料是否齐全	检查与数据相关的技术工作报告、检查验收报告、应用的标准规范文件等是否齐全	人工	汇集阶段
		表格	表格数据	检查表格数据是否齐备	所有业务表格数据是否齐备，是否满足要求	人工	汇集阶段
5	数据合规性	空间范围合规性	数据范围	检查数据覆盖范围是否符合坐落一致性	要素数据覆盖范围不存在超出境或其他不符合国家法律法规的情况；县级及以上行政区范围数据的行政区范围与本数据范围是否一致；除境界外的图层与行政区是否超出行政区范围	自动	汇集阶段
		属性合规性	属性值	检查属性值内容信息是否符合相关法律法规	要素属性值内容信息是否存在不恰当或不合规表达	自动	汇集阶段
6	属性精度	分类正确性	分类代码值	检查要素分类代码值错漏个数	数据中要素分类代码值不得错漏；字段是否符合要求；每个图层要素代码字段的取值是否唯一并符合要求	自动	整合阶段

79

（续）

编号	质量元素	质量子元素	检查项	描述	检查项要求	检查方法	检查阶段
6	属性精度	属性正确性	属性值	检查要素属性错漏个数	空间要素属性值应符合要求，不得有错漏，填写内容应完整准确，不得有无效值、非法字符、非法空值等，字段取值是否符合规定的值域范围，编号字段取值是否唯一，检查不同图层对应的属性是否符合关系条件，同一图层中相关属性值是否代码相匹配，图上面积和属性面积是否一致。所有业务数据完整性应符合要求。不得有错漏、非法空值、非法字符、非法内容等；表格要素代码的字段取值应符合要求，每个表格要素代码的字段取值是否不为空；字段取值是否符合要求，必填一值字段取值是否为空；字段取值是否符合规定值域范围	自动	整合阶段
7	表征质量	拓扑关系	点层内拓扑关系	检查要素图层内拓扑关系是否合理	层内要素是否重叠	自动+人机	整合阶段
			线层内拓扑关系	检查线图层内拓扑关系是否合理	层内要素是否重叠或自重叠、相交或自相交	自动+人机	整合阶段
			面层内拓扑关系	检查面层内拓扑关系是否合理	层内要素是否自相交、是否重叠、是否闭合	自动+人机	整合阶段
			面层间拓扑关系	检查面层间拓扑关系是否合理	不同图层间的要素是否符合相应落入关系	自动+人机	整合阶段
			线面拓扑关系	检查线面拓扑关系是否合理	行政区界线层要素是否与行政区面层要素边界重合	自动+人机	整合阶段

（续）

编号	质量元素	质量子元素	检查项	描述	检查项要求	检查方法	检查阶段
7	表征质量	几何异常	打折	检查要素打折的错误情况	检查线、面打折的错误个数	自动	整合阶段
			自相交	检查要素自相交的错误情况	检查线、面自相交的错误个数	自动	整合阶段
			孤立	检查要素是否孤立	检查道路、铁路、水系是否孤立	自动+人机	整合阶段
			微小面	检查是否存在微小面情况	检查是否存在微小面	自动	整合阶段
			极短线	检查要素是否存在极短线	检查是否存在极短线	自动	整合阶段
			复合要素	检查是否存在复合要素	检查是否存在复合要素	自动+人机	整合阶段
			几何异常	检查是否存在有属性无图形的错误	检查是否存在有属性无图形的错误	自动	整合阶段
		地理表达	要素关系	检查要素相互关系是否冲突	要素关系表达应正确	自动+人机	整合阶段
8	图属一致性	图属一致性	数据间关联	不同表格、图层的相关数据是否符合关系条件	表格与图层之间的链接关系应正确	自动+人机	整合阶段
			图形与属性关系	检查图属关系是否对应	凡是空间图形与属性信息有直接对应关系的应保证一致性，如图上面积字段中，几何图形面积和属性面积应一致	自动+人机	整合阶段
	规模符合性		图形与属性关系	检查不同几何图形面积与属性值是否匹配	在属性表面积字段中，几何图形面积小的值不应大于几何图形面积大的值	自动+人机	整合阶段
9	业务关联性	业务合理性	图形、属性业务关联关系	检查业务要素间是否存在冲突关系	如征占林地项目是否落入自然保护区中	自动+人机	整合阶段

(续)

编号	质量元素	质量子元素	检查项	描述	检查项要求	检查方法	检查阶段
10	数据完整性	要素	要素多余	检查要素多余个数、放错层情况	各类数据图层均应符合要求，无图层多余、要素多余、要素存放错误的情况	自动	成果输出阶段
		要素	要素遗漏	检查要素丢漏的情况	检查各类数据图层丢失、空图层的错误	自动	成果输出阶段
		元数据	元数据文件	检查元数据文件是否齐备	检查各类数据公共基础图层的元数据是否完备	自动	成果输出阶段
		元数据	内容正确性	检查元数据是否符合制作要求	检查各类元数据覆盖范围是否准确，元数据属性信息是否正确、完善	自动	成果输出阶段
		数据库	属性项	检查属性项定义正确性	所有属性项定义应符合要求（如名称、类型、长度、顺序等）	自动	成果输出阶段
		数据库	图层	检查数据图层或数据库结构是否符合要求	数据库图层结构应正确，成果数据集要与标准数据结构定义保持一致	自动	成果输出阶段
11	成果组织策略	成果分类科学性	数据分类	检查数据分类的科学性、稳定性、适用性	成果数据的分类应科学、稳定，可纳入数据分类体系	人工	成果输出阶段
		资源目录齐全性	资源目录	检查资源目录的完备性	检查当前资源目录的齐全性，是否为成果数据源留有可扩展空间	人工	成果输出阶段
12	成果命名	成果命名规则	成果命名	数据是否按照成果命名规则进行命名	各类成果数据应按照成果文件命名规则进行命名，命名规则应满足成果管理、应用等要求	人工	成果输出阶段

4.4.6 数据建库

林业资源一体化数据库建设包括数据库构建、数据入库、矢量瓦片生产等步骤。其中，数据库构建通过建立林业资源一体化数据仓库，设计数据操作区，建立应用服务库和数据资源目录；数据入库主要通过数据管理工具，对整合质检后的数据进行标准化入库；矢量瓦片生产是应用矢量瓦片地图服务技术，形成瓦片生产方案、索引和样式后，将海量的数据发布成矢量瓦片，并支撑样式符号化快速配置和地图服务发布。

1）林业资源一体化数据库构建

林业资源一体化数据库包括林业资源一体化数据仓库、数据操作区、应用服务库，三者协同有机地构成了林业资源一体化数据应用、沉淀、更新的自我循环体系。另有数据资源目录作为数据资源检索和服务调用的统一出口，对数据和服务进行编目管理。

（1）林业资源一体化数据仓库

林业资源一体化数据仓库存储的是基于统一数据模型的、权威的、历史性的、现状性的数据，并可根据林业专题需求实时联动更新。存储内容按照林业专题需求来划分，包括公共基础类、林业基础类和林业专题类数据以及林业综合类数据。

（2）数据操作区

数据操作区是林业资源一体化数据仓库的缓冲地带，存储的是未经确认和标准化处理的数据，通过分析整合、加工处理、抽取等操作，将数据更新到数据仓库中。数据操作区内包括沉淀回来的数据，以及其他需要加工处理的数据。通过数据操作区，一体化数据库实时记录着管理过程信息，做到数据"步步留痕"，同时减少一体化数据库的荷载，保障一体化数据库高效运行。

（3）应用服务库

应用服务库包括两部分，一是面向行业内和部、省、市、县各级数据交换的共享交换库，二是面向行业应用可灵活组装的业务主题库。

共享交换库主要存储面向林业资源管理行业内和省、市、县各级汇交和分发的数据，其中的数据是长期存放的，便于后续追踪回溯。

业务主题库主要从满足林业资源业务应用需求出发，为行业内提供可"灵活组装"的数据服务支撑，同时也支持政府部门间的"订阅发布"（由用户单位按需求订阅数据）、社会公众的"适度开放"（按照一定的权限进行开放）的林业数据资源共享服务。

（4）数据资源目录

数据资源目录作为数据资源检索和服务调用的统一出口，分为数据仓库目录、共享交换目录、应用主题目录。数据可按照主题进行编目，提供高效的内容索引，可以在海量的数据中，按照关键字快速进行数据定位，并对所有的数据状态进行监控，包括数据分类、数据量、数据访问情况、数据更新情况等内容。

2）数据入库流程

通过数据入库工具，执行数据建模、建立版本、配置入库插件和入库方案、创建和发布入库任务等流程，将质检后的数据完成入库。

（1）入库方式

一体化数据库采用"分布存储、集中管理"的方式进行设计，根据林业数据现状，数据整合建库方法可分为两类：

一是对还未建库的数据采用标准化建库方法进行"新建"，纳入一体化数据库中进行综合管理。

二是对已建库管理的数据，根据实际情况，采用数据库迁移"统管"或者动态视图"引流"的方式，实现数据的统一管理。其中，"统管"是指把分散管理的已建库数据，集中收集整合，并在统一的管理平台下进行管理。"引流"是指对已建库建立一个复制的对象与原始库并行运行，通过数据管理平台的调度，逐步取代。

（2）入库过程

对于完成预处理、整合和质检合格的数据，依据建库标准规范和设计好的数据模型，将成果数据分别导入、加载到分布式的相应数据库中，并建立数据字典、数据库索引和元数据，最后注册到统一数据资源目录。

按照数据资源类型，创建矢量数据、栅格数据、表格数据和文档数据的库结构。

利用开发的数据入库工具，将已导入存储区中的各类型数据，包括矢量、栅格、表格、文档等数据批量入库到数据库中。数据入库时可采用多个终端并行、批量入库。

在建库完毕后，根据数据关系模型，完成数据对象以及数据对象间的逻辑关系建设，包括对象图属关系、时态关系、空间关系、业务关联关系等关系的建设。其中关联关系的建立是一项持续进行且工作量非常大的工作，须先易后难、以点带面，先建立图形对象之间的空间关系、图属关系，再建立图形对象的时态关系、业务关联关系。由于林业资源管理业务的复杂性，且数据质量参差不齐，必然存在关联不上的情况，此时，可以临时关联到相应的行政区划上，待确定后再进行详细的关联。

在一体化数据库建设过程中，需要相应的关系挂接工具辅助进行批量的关系建立，同时，在建立完关系后，需要进行相应的质量检查以保证关系建立的完整性、正确性。在批量关联关系建立以后，需要形成长效的关联挂接规则和机制，使其能够随着业务的进行，实时进行关系挂接。

通过关系模型的建立，形成了不同业务之间的数据联系，为不同业务之间的关联印证、历史回溯、联动更新工作打下了基础。

为一体化数据库中的公共基础数据、林业基础数据、林业专题数据和林业综合数据建立数据字典、数据索引和元数据，利用服务发布工具发布数据服务，并注册到统一资源目录中。

（3）建库步骤

① 未建库数据

林业资源一体化数据库建设优先考虑公共基础数据的整合，其次是林业基础数据的统管，最后是林业专题数据的统建，最终形成集中管理的分布式数据库。未建库数据的建库步骤为：首先在数据组织结构、完整性、规范性等通过检查后对数据进行格式转换、坐标转换、数据组织目录重构、数据抽取等，然后进行数据拓扑的质量检查，以及数据结合关系、拓扑关系、逻辑关系等综合检查，通过后生成数据的元数据，进而将数据整理到可以入库的状态。数据建库采用标准化入库流程，入库完成后形成标准化数据库成果。

② 在建或已建库数据

对于在建或者已经建成的数据库，其集成的办法，采用库对库的数据整合模式。数据库之间的数据整合流程主要有连接数据库、读取数据、字段调整、数据传输几个步骤。连接数据库后，先通过使用管理平台，获得批准和授权，连接异构数据库。连接到异构数据库后，将其他数据源的数据进行检索与罗列，再通过数据库管理平台、数据集成工具，读取源数据并调整数据集成传输参数、调整源数据与目标数据之间的差异，使二者能够有机地结合。最后在字段调整后，利用数据库整合工具将异构的源数据传输到林业资源一体化数据库中，完成异构数据库数据的整合与集成。

3）矢量瓦片生产

应用矢量瓦片地图服务技术，利用瓦片生产工具，将海量的数据发布成矢量瓦片,并支撑快速配置符号化,快速发布适用于不同应用场景的服务。发布矢量瓦片服务过程包括构建矢量瓦片服务方案、构建矢量瓦片索引、配置矢量瓦片服务样式和矢量瓦片服务发布管理。

(1) 构建矢量瓦片服务方案

矢量瓦片服务方案构建包括矢量瓦片服务切片级别定义、切片字段设置、瓦片索引字段配置、数据源配置。需要根据不同数据的浏览方案、符号样式、渲染字段进行设置切片方案,切片级别支撑1~20级比例级别切片。

(2) 构建矢量瓦片索引

为了尽可能缩短服务数据的处理周期,提高对外服务的现势性,借鉴栅格瓦片切片的理念,根据切片方案配置的层级、切片字段和索引构建字段,对原始的矢量数据进行横向分幅和纵向分级的索引构建,并在索引构建过程中基于视觉综合分级进行要素的抽稀与化简,在降低数据体量的同时,提高后续动态渲染效率。

矢量瓦片索引技术是结合矢量要素在屏幕按级别显示时的最小展示单元像素,通过按照对应级别将要素坐标转化为整数瓦片坐标,并采用指定算法进行要素的化简,按级别缩减至小比例尺下要素的显示点阵数,然后,将化简后的图形和原要素的属性信息同时按级别存储至索引中。

此方式按需保存了各瓦片中所有要素的图形和属性,既通过本级无损的抽稀与切割,达到屏幕显示图形无损,同时也可为矢量数据在浏览过程中的查询、过滤提供属性信息。

切割后的矢量索引数据存放在特定数据库中,大大降低了管理人员的管理和更新成本,同时也降低了矢量数据的访问压力,为数据的高效浏览打下基础。

(3) 配置矢量瓦片服务样式

数据构建矢量瓦片索引之后,切片成果存储在数据库,要为切片成果配置符号化样式,需要根据不同数据的符号化和制图要求进行统一制作符号,支持分级设置点线面、注记符号及大小,可以根据不同行业领域、不同业务应用配置不同的符号化样式,并支持快速发布。

(4) 矢量瓦片服务发布管理

矢量瓦片服务发布管理是按照行业制图标准规范完成分级符号化的切片图层发布成统一的地图服务,可根据地图服务浏览需要配置多个样式,发布多个地图服务,快速响应不同行业对同一数据不同浏览样式的需求。同时服务接口符合OGC地图服务调用标准规范,为各个业务部门和系统平台调用数据浏览服务提供标准统一的数据服务规范，满足海量矢量专题数据的动态符号化、秒级浏览和服务定制化浏览需求。

4.4.7 数据更新共享

数据更新共享需要将林业资源一体化数据库与林业综合管理平台、自然资源一体化数据系统、粤政图、政务大数据中心等对接，实现数据的联动更新与共享。具体工作范围包括实现遥感影像、地上三维模型、调查界线等数据的联动更新，以及林业资源数据的实时更新。

1）数据更新架构

为了确保林业资源一体化数据的现势性、时效性和可靠性，基于林业资源一体化数据相关标准规范，利用行政、技术等手段多渠道推动构建数据更新机制，确保数据鲜活，持续对外提供最新的数据服务，进一步推动数据更新相关行政管理配套措施的建立，以行政手段督促市、县级林业资源管理部门相关数据更新。

数据更新范围包括不同行政级别的林业、国土、农业农村、生态环境等部门的林业数据资源，以及来自自然资源一体化数据系统、粤政图、政务大数据中心的其他行业专题数据。通过林业综合管理平台与外部进行共享交换，基于统一数据模型，利用数据更新工具，将数据更新至林业资源一体化数据库（图4-9）。

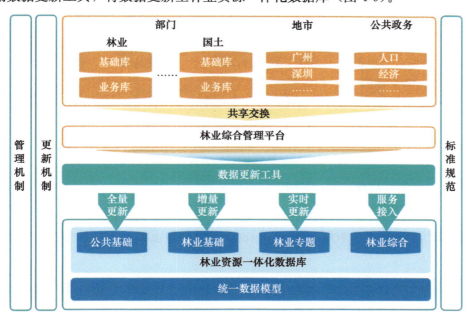

图 4-9 数据更新架构

2) 数据更新机制

基于构建的林业资源一体化数据库，将以往"数据割裂、管理脱节"的管理流程，升级为"数据统一管理、应用无缝衔接、更新一体联动"的新模式，建立"一横一纵"的林业数据资源联动更新机制。

(1) "一横"是跨业务部门的联动更新

林业数据资源流动循环一般涉及多个业务部门，同时数据是否变化直接受到多个相关部门履行业内职能的影响。一项业务的处理决策，特别是综合工程，往往需要多个业务部门协同办理、多个类型数据综合支撑，因而"一横"是指多个业务部门的数据联动更新，开展横向上跨部门林业数据资源更新，保障数据变化的流畅、权威、一致。

当某一类数据更新时，应首先联动更新与其在业务上、空间上、属性上强相关的各项数据，保障数据变化的一致性，减少数据矛盾；对与其弱相关的数据，应通过接口服务向目标业务系统发出更新提示，选择是否择时进行数据更新；对更新后引起相关数据矛盾的，根据更新规范规则暂时不予更新，并发送相关责任部门限期进行核实确认，经其修正无误后再予以更新（图4-10）。

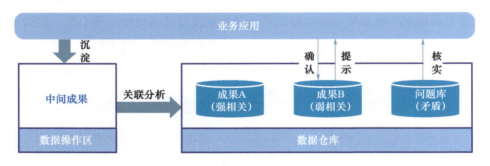

图4-10 数据更新——"一横"

(2) "一纵"是省、市、县的三级联动更新

根据总体架构设计，"一纵"为省、市、县的三级林业数据资源联动更新。这种联动更新机制根据业务权限、管理职能的差异分为自上而下、自下而上以及二者相结合的方式。

根据数据在省、市、县三级业务的关联性，以一体化数据库为统一出入口，当某一级林业数据资源更新时应联动更新其他层级的数据（图4-11）。

第 4 章 · 林业数据治理实践

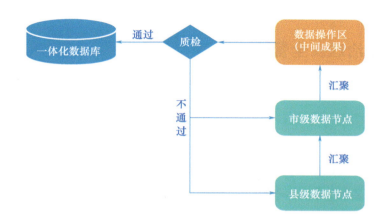

图 4-11　数据更新——"一纵"

3）数据更新方法

建立健全的系统数据更新、汇交机制，为数据及时更新提供机制保障。针对林业内部行业数据，主要依托资源调查、专项调查、动态监测和业务系统沉淀回流等手段，采取实时或定期、全量或增量的模式，基于统一的数据模型进行数据更新并将其融入一体化数据库。针对外部数据，健全跨部门、跨层级的联动更新机制，共同提高数据现势性、鲜活性，实现外部数据"合我所需、为我所用"。

公共基础类数据——服务接入。对接省政务大数据中心，通过系统接入方式，采用定时同步更新方式。

林业基础类数据——全量/增量更新。该类数据拟采用年度或定期进行数据全量变更，条件允许的，可采用更新包方式进行数据增量更新。

林业专题类数据——即时更新。根据林业专题类数据更新周期短、汇交和更新数据量小等特点，按照"谁生产谁负责"的原则，由相关生产部门提交到数据管理者，通过数据质量控制、标准化整合后进行即时更新。

4）数据共享模式

依托省政务大数据中心，以统一的数据资源目录为核心，建立各级政府部门依职能按需共享的信息共享机制，有序地向林业资源管理部门和其他职能部门、社会公众等提供数据服务，具体包括林业基础数据、专题数据和综合数据，为政务治理决策和社会化创新利用提供数据支持。坚持以"共享为原则、不共享为例外"的原则，严格按照有关法律、法规、规章的要求，大力推进林业资源一体化数据共享。依托林业综合管理平台，实现数据在林业资源系统部、省、市、县四级的纵向共享，实现与省政务大数据中心的互联互通，统一通过省政务大数据中心实现横向共享。

4.5 数据治理安全管理

4.5.1 环境安全

环境安全主要包括基础的 IT 系统及云计算、数据管理系统,要求对信息系统部署环境的物理安全、通信环境的网络安全、运行环境的主机与设备安全以及应用安全各方面都按照《信息安全技术 网络安全等级保护基本要求》(GB/T 22239—2019)[23]的相关要求来建设。

① 物理安全:物理安全所涉及的范围主要指数据中心,主要包括物理位置选择、物理访问控制、防盗窃和防破坏、防水防火等,物理安全是数据安全的基础保障。

② 网络安全:交换共享能够促进林业数据更好地实现价值,良好的网络规划设计是必不可少的,网络安全设计主要包括结构安全、访问控制、安全审计、边界完整性检查、入侵防范、恶意代码防范、网络设备防护等要求。基于政务网络的安全控制体系,进一步落实了数据在网络传输中的安全防护。

③ 主机与设备安全:主机安全主要指主机级别的身份鉴定和访问控制、安全审计、恶意攻击防范和资源控制等要求。需要提高设备与主机对病毒传播、网络攻击的抵抗能力,按照要求安装终端病毒防护软件,实现全面国产化软件的使用普及,利用技术手段确保主机与设备安全。同时,对于使用主机与设备的操作人员,做好安全交底和使用规范说明。

④ 应用安全:应用安全主要包括应用级别的身份鉴别和访问控制、通信安全、软件容错等。同时,要做好软件漏洞检测工作,确保软件本身无高危漏洞与缺陷。

4.5.2 数据安全

全生命周期的数据安全保护是落实数据安全的基本要求,在数据治理全流程,对各阶段提出数据安全策略,并在各阶段基于数据场景的不同节点通过认证、授权、控制、审计等措施实现数据安全控制,执行确定的数据安全保护策略。

① 数据汇集:林业管理在实际应用过程中会产生很多数据,数据汇集是归拢这

些多源异构数据的第一步，汇集过程中应获得数据主体的授权，并采用相应的技术手段，检验数据源的真实可信，再对汇交的数据内容进行安全检测，避免恶意数据的输入。

② 数据存储：数据存储根据数据类型的不同，主要可能涉及文件存储、对象存储、数据库存储等几种形式。为保障数据安全，应分别对这几种数据存储形式进行加密保护，同时利用高度敏感数据和加密算法进行特殊加密存储，对于加密算法，应尽可能采用国家加密算法。另外，要注意对重要数据做好容灾备份，并设立数据安全管理员岗位，全方位做好数据存储安全管理。

③ 数据处理：在对数据治理成果数据进行进一步处理过程中，一要明确数据处理权限，确保重要数据、特殊数据的安全；二要做好数据隔离备份，确保数据处理不影响原始成果数据的安全与完整性；三要做好处理数据的检查，确保无恶意数据的介入。

④ 数据传输：数据传输过程中必须确保不被攻击者窥视和篡改，并且要防止非法用户对网络资源或私有信息的访问；应保证数据真实性，通信设备必须是经过授权的，要有抵制地址冒认的能力；要保证数据的完整性，接收的数据必须与发送时完全一致，要有抵抗数据篡改的能力；要保证数据传输通道的机密性，确保数据不被截留或非法获取。

⑤ 数据应用：数据在应用过程中，要确保数据应用访问的通畅与完整性，应用效果应与实际一致，应用过程稳定安全，应用过程不影响原始数据质量。

⑥ 数据销毁：在数据确定失去应用价值后，必须实施删除进行彻底的数据销毁粉碎。为防止数据误操作导致数据丢失，数据销毁的删除操作应在底层执行时具备一定的延时生效机制，确保在发现误操作的短暂时间内可以撤回，在延时保护时间段内，数据应处于冻结状态，无法对其进行读写变换操作。

4.5.3 体系建设

（1）完善信息安全组织体系

成立安全管理机构，强化和明确其职责，在健全信息安全组织体系的基础上，切实落实安全管理责任制。明确林业各级、各部门作为信息安全保障工作的责任人；技术部门主管或项目负责人作为信息安全保障工作的直接负责人，从源头上确保数据治理安全管理。

（2）加强信息安全配套建设

消除信息安全风险隐患，把好涉密计算机和存储介质、内外部网络接口、设备采购、数据生产管理软件以及服务外包等重要的管理关口，做好数据的环境控制与容灾保障。

（3）加强涉密信息监督管理

对林业涉密信息传播流转进行监控，及时发现或阻止泄密事件的发生，将危害控制在最小的范围内，使得数据治理保密制度得到有效的执行与落实。

（4）建立健全安全管理制度

针对林业数据治理安全管理制定相应的管理制度和规范，要求基础网络和重要系统运营、使用单位根据自身情况，制定包括安全责任制度、定期安全检查制度、安全评估改进制度、安全外包管理制度、安全事故报告制度等在内的日常安全规章制度。

4.6 系统应用

基于林业资源一体化数据治理成果，在遵循林业资源一体化数据标准规范框架下，围绕林草湿海量数据资源信息化管理、在线共享、综合展示、信息挖掘等业务需求，开展林业资源一体化数据综合管理与服务发布系统建设工作。整合和集成基础地理信息数据、卫星遥感数据、林草湿基础数据、专题调查数据等各类资源，同时不断更新各类新数据、新产品，构建林草湿信息化业务应用支撑系统，形成全覆盖、全信息、多尺度、多时相、多元化的林草湿综合数据库与管理服务应用平台。

系统建设应坚持系统工程的建设思想，开展系统总体设计，确保工程设计的先进性、系统性、前瞻性、可操作性、兼容性，并按照统一的标准规范，为其他业务系统提供数据服务。

4.6.1 系统设计

1）系统架构设计

系统采用多层结构进行设计，可以分为基础设施层、数据支撑层、系统服务层和用户层。总体技术架构如图 4-12 所示。

第 4 章 · 林业数据治理实践

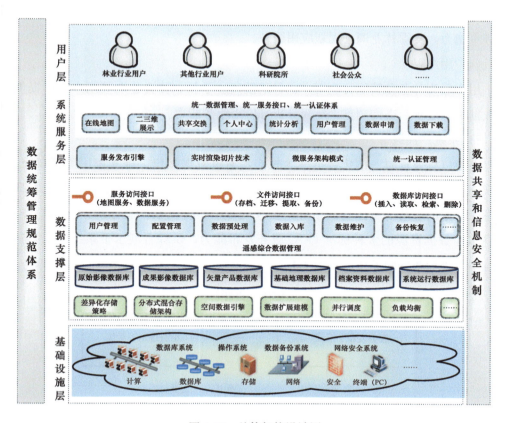

图 4-12 总体架构设计图

（1）基础设施层

基础设施建设主要指支撑系统运行的底层软硬件设备，包括支撑系统运行的基础软件、硬件设备、网络资源及虚拟化资源。基础软件包括数据库系统、操作系统、数据备份系统、网络安全系统以及其他中间件等；硬件设备包括计算资源、数据库以及存储资源、网络与安全资源、终端设备等。

（2）数据支撑层

数据支撑层实现原始影像数据、成果影像数据、矢量产品数据、基础地理数据、档案资料数据以及各类系统运行数据资源的集中管理，支持数据建模配置管理、数据预处理、数据入库管理、数据维护更新、系统配置等能力。同时对涉密类或受控类数据、公开类数据分别制定不同的数据管理策略，支撑对外的数据发布和应用需求。

（3）系统服务层

系统服务层是在基础设施和数据支撑层之上，构建统一门户，实现各级用户权限管理、数据综合展示、数据查询申请、数据下载分发、数据决策分析、数据地图服务等能力，支撑林业调查规划应用服务。

（4）用户层

用户层为林业和其他行业用户、科研院所、学校、社会公众等用户群体提供在线数据综合展示、查询浏览、空间分析等应用服务能力。

2）系统产品设计

系统以林业资源一体化数据库为核心，通过数据接口、服务调用等接口服务，实现不同业务系统产品之间的数据资源查询和调度；影像分发子系统为数据管理提供影像数据的空间、属性查询条件；服务发布子系统以数据服务渲染引擎为支撑，提供多源数据资源的多种标准OGC服务发布能力，供综合展示子系统以及第三方系统平台进行数据服务接入（图4-13）。

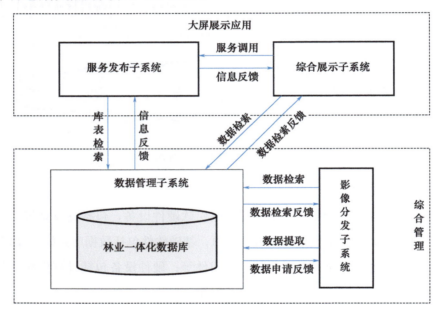

图4-13 系统产品设计

① 数据管理子系统对影像分发子系统提供数据检索、数据提取接口；影像分发子系统实现遥感影像数据在线查询、申请订购下载。

② 数据管理子系统对综合展示子系统提供数据检索接口；综合展示子系统实现矢量数据的查询浏览和数据导出。

③ 数据管理子系统对服务发布子系统提供数据库的库表检索接口服务；服务发布子系统获取综合数据库中相关矢量库表信息。

第4章 · 林业数据治理实践

④ 服务发布子系统对综合展示子系统提供影像、矢量、地形数据服务接口，综合展示子系统实现数据服务接入和二三维综合展示。

4.6.2 应用效果

林业资源一体化数据治理成果，需要以系统平台为载体来呈现，同时也为一体化数据治理的数据管理与服务应用提供支撑。基于林业资源一体化数据治理成果，构建林业资源一体化数据管理应用平台，满足资源概览、综合展示、辅助决策、统计分析、服务发布与配置管理等应用需求，实现数据价值的落实、呈现、应用与业务服务体现。

（1）资源概览

资源概览主要进行资源统计信息的展示与浏览，包括各类数据资源总体统计指标的展示，提供森林资源、湿地资源等的统计指标详情浏览，支持按照时间、行政区进行资源统计信息的筛选与浏览（图 4-14）。

图 4-14　森林资源概览

（2）综合展示

综合展示基于发布的数据服务，脱离数据实体依赖，提供二三维场景服务数据的浏览、查询、定位、测量等功能，便于用户进行快速的数据浏览与查询。数据服务以目录方式进行管理与操作，包括公共目录与个人目录，便于快速进行服务的查找与展示（图 4-15）。同时提供了各类操作工具，包括 i 查询、空间定位、对比浏览、视角书签、全图、测距测面等，辅助数据查询与分析（图 4-16、图 4-17）。

图 4-15　资源综合概览

图 4-16　对比浏览

图 4-17　检索浏览

第 4 章 · 林业数据治理实践

（3）辅助决策

辅助决策基于多源、多类型的林业数据资源，面向领导决策辅助需求，提供多图层分析展示、三维场景交互操作，满足古树名木保护（图 4-18）、森林防火预警（图 4-19）等多类型专题决策分析。

图 4-18　古树名木保护决策分析

图 4-19　森林防火预警决策分析

（4）统计分析

基于林业资源一体化数据资源，提供自定义统计与按模板统计展示两种方式，其中自定义统计支持统计条件的自定义，可根据统计需求设置条件进行相应统计；按模板统计结合统计模板与数据资源，根据模板规定的统计项进行统计与展示。对于统计结果，提供统计结果导出，可进一步进行结果分析（图4-20）。

图4-20 统计汇总分析

（5）服务发布

服务发布以数据服务渲染引擎为支撑，提供矢量数据、栅格数据、瓦片集等多源数据资源的数据源注册、样式符号配置、地图/场景配置、数据服务发布能力，支持多种标准OGC的服务格式，供综合展示子系统以及第三方系统平台进行数据服务接入（图4-21）。

图4-21 矢量瓦片服务发布

（6）配置管理

配置管理衔接服务发布与展示，通过数据服务配置、目录配置、字典映射配置等，实现各类数据资源服务的展示、统计与应用分析。其中数据服务配置支持各类

OGC 标准服务的注册，数据服务涵盖矢量服务、影像服务、三维地形服务、注记服务等，满足展示浏览需求。注册的服务通过数据目录配置进行逻辑化管理与展示，通过数据字典配置实现服务数据属性别名与字段字典值的配置展示与导出需求。

同时，系统用户及权限控制通过用户管理功能实现，通过用户角色配置数据权限与功能权限，实现不同层级用户的不同操作限制。此外，会在系统操作过程中记录操作日志，通过系统日志管理进行查询与展示（图 4-22）。

图 4-22　数据目录配置管理

4.7　实践效果

效果一：形成了林业资源一体化数据标准

构建了林业资源一体化数据标准规范体系框架，保障了林业资源数据治理工作的有序开展，形成了涵盖数据汇集、存储、更新、共享与应用等方面的 15 项标准规范，并结合广东省林业数据治理需求，研发了拥有自主知识产权的数据治理工具集。

效果二：建立了统一的林业数据资源体系

形成符合林业业务使用需求、标准统一、集中同源的林业数据资源体系，共计 12 类 24 个图层约 900 万条数据要素，关联媒体文件约 30 万条，初步建立起全省林业"一张图"。后期还将逐期汇集影像服务、资料档案等多类型数据资源，形成纵向上涵盖"历史、现状与规划"，横向上覆盖基础、专项等全方位的林业数据资源。

效果三：支撑了林业工程应用

依据广东省林业资源一体化数据标准规范体系，建设形成广东省林业资源一体化数据库，全面支撑了广东省用林业务管理应用系统的建设和应用，满足了新时代省市县三级联动"带图审批、有图可依"的数据需求，实现了用林业务审批"一网通办""只进一扇门""最多跑一次"的具体目标，辅助用林审批业务办理，整体用时缩短75%（图4-23）。

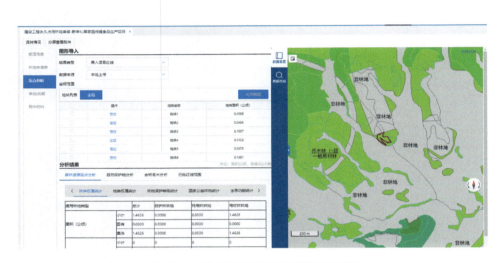

图4-23　广东省用林业务管理应用系统

广东省林业资源一体化数据治理工作，打破了林业数据管理的旧格局，实现了林业数据赋能的新时代，为广东省林业信息化发展夯实了数据基石，为广东省数字政府建设贡献了林业基础力量，具体体现在以下几点。

（1）有标准可依

通过林业资源一体化数据治理工作的开展，建立起林业资源一体化数据标准规范体系，满足广东省林业资源数据的标准化管理与应用。打破原先林业系统分专题、分项目的数据管理模式，构建起与自然资源统一的标准体系，满足数据上传下达的连贯性和延续性。

标准是一切工作的基础，是建立林业资源一体化数据库的基石，也是后续数据规范化管理的保障。建立形成林业资源一体化数据标准规范并积极推广林业系统内部使用，后续要求林业资源成果数据的汇交、整合、质检、管理与共享服务，均需按照标准要求进行。其最终的目标是建立一套切实可用的标准规范体系，终结原来林业内部多样化、不统一的数据交互局面。

（2）有数据可用

林业资源一体化数据库是整个林业系统的数据资源中心，是林业大数据中台的基础，是"让数据用起来"、把数据变成资产并服务于业务的新开端。基于已建立的林业资源一体化数据库，初步实现了林业"一张图"，为在线服务和"带图审批、有图可依"提供了数据支撑。同时，实现了林业专题数据向自然资源大数据的横向互通互联，以及省、市、县三位一体的纵向贯通。

数据是一切业务应用的基础，是最具价值的宝贵资产，通过不断的数据治理工作，充分发挥数据的潜在价值，多方面推动数据走向信息化服务的道路，才是释放数据潜力与价值的正确途径。当前建立的林业资源一体化数据库，不仅在用林管理上发挥了初步价值，还反哺补充优化了自然资源一体化数据库，同时为后续林业资源管理奠定了基础。后续，将进一步优化补充林业资源一体化数据库，构建数据加服务的多场景应用模式，真真正正地发挥数据的力量，创造社会与经济价值。

（3）有资源共享

林业资源一体化数据库的建立，使得数据有了统一的共享资源池，解决了原先各部门各管各的数据、各用各的资源、数据版本多样、数据质量参差不齐等问题。通过重新理清数据资源情况，统一数据内容与标准，修正数据质量，明确数据出入口，确保了数据：一是来源明确，源头有记录可循；二是标准明确，林业资源数据有一体化数据标准规范作为依据，合规且统一；三是利用明确，通过构建数据管理与使用规定，明确了数据共享利用的途径、方式、方法以及制度要求。

林业资源一体化数据库的建立响应了当前数据共享的新需求，既可以根据生产任务需要提供来源明确的数据实体资源，也可以根据查询分析需求快速申请使用在线数据服务，同时还能够结合应用场景协调使用平台门户资源，获取直观的统计、分析、决策信息。新时代下，数据共享途径多种多样，数据共享内容也是按需提供，未来，也将根据发展或实际需求，进一步拓展数据资源共享途径及方式，以便提供更快捷、更优质的共享服务模式。

第5章 应用与展望

伴随着"大数据"和"智慧城市"等概念的大规模兴起,数据利用被提到前所未有的高度,数据治理受到越来越多人的关注,推动数据治理范畴从行业领域扩展到了整个社会范围。林业资源一体化数据治理工作必将是一项复杂而且长期的工程,同时又是林业信息化与智能化发展阶段必要而且必然的选择。如何推进林业时空数据治理与质量提升,激活林业数据要素潜能,推动林业治理方式、服务模式和生产方式的变革,实现林业政务管理信息化、数字化、智能化,将是需要长期思考与研究的林业新时代主题。

本章结合前文对数据治理的研究,以及对林业数据治理技术与实践的分析阐述,针对林业资源一体化数据治理工作的实际情况,进行一定程度上的应用与展望。林业数据治理工作的最终目标是推动林业信息化发展与提升政务服务能力,是在夯实林业数据管理基础的前提下,积极为数字政府建设"添砖加瓦"。在这一过程中,积极探索研究林业数据治理新理论、新技术、新方法,完善这一体系,遵循这一原则,推动数据治理落实,发挥数据成果效能,是新时代林业人的使命与责任。

5.1 推动应用

(1)明确林业资源一体化数据标准规范,为行业数据生产、管理、应用与服务提供规范性依据

针对新时代林业数据管理与信息共享的新要求,全面推动技术融合、业务融合、数据融合,打通林业资源数据信息壁垒,贯彻落实数字政府标准,助力破除"信息

孤岛""数据烟囱",以林业资源一体化数据标准规范推动林业资源数据有效统一,全面提升林业信息共享水平与共享服务能力。

(2)持续完善林业资源一体化数据库,为林业资源管理提供更加清晰的底板底数

面向林业资源从静态管理转向动态、从二维转向三维的集成管理与应用需求,采用三维数字地球、海量矢量数据动态渲染等高新技术,构建林业资源三维立体"一张图",形成多模态、跨时空的数据管理模式,提升集成展示和应用服务能力。

(3)新理念和新技术并举,全面提升林业资源数据服务能力

满足跨行业跨层级用户的多元化"用图""用数"需求,采用"云+网+端"模式,通过统一的云计算引擎、云服务引擎和云应用引擎,与业务系统对接,与"数字政府"对接,提供丰富多样的在线服务模式,确保共用林业"一张图、一套数、一服务",全方位支撑"横向到边、纵向到底"的林业资源应用服务体系。

(4)探索实现林业资源要素级管理和挖掘分析应用

采用"算法聚合、模型构建、分析计算、可视化"的开放式大数据挖掘分析方法,以林业小班为空间最小单元,建立时间序列和空间对应关系,集成业务规则,构建林业资源数据图谱,探索实现林业资源要素级时空变化管理,多维度可视化展示林业资源的数量、质量、结构、空间布局特征及演化情况,更好地挖掘和利用数据成果的潜在价值和规模优势,提升管理决策的科学性和有效性。

当前,数据已经成为关键生产要素,数字经济正在引领新经济发展,数据在社会治理中也发挥着重要作用。新时期,要发展创新思维,围绕支撑林业资源要素高效流动和资源优化配置,以问题为导向,以需求为牵引,在关键环节和"卡脖子"的地方狠下功夫,实现林业资源政务管理精准化、决策分析科学化、政务服务一体化,借助林业信息化发展的时代东风,助力美丽中国建设。

5.2 展望未来

在新的一轮林业现代化建设中,要将林业大数据纳入国家林业信息化发展战略,夯实智慧林业的基石,让大数据创造出真正的智慧服务,支撑林业大数据的稳健发展。

(1)观念层面:强化数据治理重要性,深入林业全链路各领域

数据治理不只是口号，更应该是实际行动、制度体系。强化林业数据治理的重要性，是全面提升林业数据质量与应用服务能力，构建强有力林业信息化能力的基础。通过建立数据治理相关规范、制度与标准，约束各个数据管理阶段、数据处理流程中的动作，确保执行末端标准化。同时，通过网络、报纸、杂志等多类型信息媒介，广泛宣传林业数据治理的相关知识与应用效果，确保这一概念深入人心。其最终的目标是：在林业系统内，建立健全林业数据治理体系，并确保这一体系落入实际、走向基层，各处室、科室甚至是作业员，都明确数据治理职责，从数据全生命周期确保其质量控制和价值体现。

（2）数据层面：不断完善林业基准数据，夯实现代林业发展基础

通过林业资源一体化数据治理工作，以及后期不断扩充，丰富林业资源数据内容，建设形成全面覆盖的林业"一张图""一套数"。各级林业主管部门在林业基准数据的有效支撑下开展统计分析和综合评价，全面监管林业管理资源利用情况，开展集约节约用林等，面向业务管理人员提供用林决策参考，为实现"碳中和""碳达峰"贡献林业基础力量，为实现林业治理体系和治理能力现代化、建设生态文明和"美丽中国"提供辅助决策支撑。

通过建设林业资源一体化数据库，完善林业基准数据，全面提升林业管理与决策能力，加强林草湿等自然资源智慧管理水平，完善历史数据与新增数据的管理与统一归档，加强对实施行政职权事项的监管工作，建立行之有效的用林监管指标体系，促进林业管理水平的进一步提升。

（3）技术层面：加强对数据治理新技术的研发，提升数据治理效能

目前，大数据在林业发展中的应用主要涉及了数据采集、数据传输、数据挖掘以及数据应用等多个环节，但是各个环节的技术手段仍十分单一，因此，应该进一步加强技术创新的力度，丰富数据分析挖掘、数据清洗以及数据安全防护等方面的技术。以林业数据综合治理为起点，带动林业软件产品和硬件产品开发领域的发展，实现大数据在林业领域中的创新发展。同时，在此基础上建立完善的林业大数据技术开发体系，通过大数据中心、工程实验室或研究院的建立和数据治理企业进行深度合作，结合全社会的力量推动林业数据的发展，以科技带动技术，以新技术带动林业数据治理现代化水平，以林业数据治理带动林业政务服务信息化能力。

（4）基础设施层面：强化林业基础信息化建设，支撑数据治理与服务应用

实现林业资源数据在林业发展中的广泛应用，必须建立一张全覆盖，由互联网、物联网等构成的林业感知和传输网络，从而实现林业资源的实时动态调用和服务应

用。因此，需加强林业信息基础设施的建设来推动政务网络的高效利用和更加广泛的服务，为林业数据的收集和传输提供更加坚实的保障。同时，要优化数据存储、管理、分析、展示等一系列软硬件设施，确保数据管得起来、用得出去、效果好看、分析快速。充分利用大数据技术、"互联网＋"技术和云服务等能力，将数据治理工作以及数据成果服务应用提升至更高的水准。

（5）服务层面：构建应用广泛的林业数据服务能力，提升数据资源价值

在未来发展的过程中，可通过：①构建综合性的林业数据资源共享平台，进一步提升林业大数据中心职责和服务能力，为用户提供更优质的数据共享服务，进而推动林业决策的精准化。②加强林业基础数据的采集和整合，构建林业业务知识图谱，推进林业数据资源的开放共享和关联性应用服务。③建立统一汇交和整合服务平台，保持数据治理工作的连续性。④明确数据更新制度，建立科学的数据更新机制，确保数据的鲜活性和时效性。共享服务能力建设是实现数据资源价值的基础，通过平台等多向链路，打通数据横向纵向的互联共享，为社会服务、政务服务释放更多的数据价值。

参 考 文 献

[1] Holt Alison, Aubert Benoit, Sutton David, et al. Data Governance: Governing data for sustainable business [M]. BCS Learning&Development Limited, 2021.

[2] DAMA International. DAMA 数据管理知识体系指南 [M]. 北京：机械工业出版社，2020.

[3] The Data Governance Institude. The DGI Data Governance Framework [EB/OL]. [2021-09-12]. http://www.datagovernance.com/the-dgi-framework/.

[4] 中华人民共和国国家质量监督检验检疫总局，中国国家标准化管理委员会. GB/T 35295—2017《信息技术 大数据 术语》[S]. 北京：中国标准出版社，2018.

[5] 国家市场监督管理总局，中国国家标准化管理委员会. GB/T 34960.5—2018《信息技术服务 治理 第 5 部分：数据治理规范》[S]. 北京：中国标准出版社，2018.

[6] Otto B. Data governance [J]. Business & Information Systems Engineering, 2011, 3 (4): 241-244.

[7] 中共中央 国务院. 关于构建更加完善的要素市场化配置体制机制的意见 [Z]. 2021.

[8] 高士佳. 习近平向 2021 年世界互联网大会乌镇峰会致贺信 [N]. 央视网，2021.

[9] 中华人民共和国国民经济和社会发展第十四个五年规划和 2035 年远景目标纲要[Z]. 2021.

[10] 中央网络安全和信息化委员会. "十四五"国家信息化规划 [Z]. 2021.

[11] 佚名. 什么是 ISO（国际标准化组织）[J]. 求知，2002（8）.

[12] ISO/IEC 38505-1 信息技术-IT 治理-数据治理-第 1 部分：ISO/IEC 38500 应用于数据治理 [S]. 瑞士：ISO 版权局，2017.

[13] ISO/IEC TR 38505-2 信息技术-IT 治理-数据治理-第 2 部分：ISO/IEC 38505-1 对数据管理的影响 [S]. 瑞士：ISO 版权局，2018.

[14] Simoni G D, Moran M P. Digital Business Needs Good Information Governance: Lessons From the Gartner Data & Analytics Excellence Awards [M]. Gartner，2017.

[15] Lord AT. ISACA model curricula 2004 [J]. International Journal of Accounting Information Systems，2004，5（2）：251-265.

[16] 于珊. 李克强主持召开国务院常务会议 审议通过"十四五"推进国家政务信息化规划等

[N]．新华社，2021．

[17] 国家林业和草原局，国家发展和改革委员会．"十四五"林业草原保护发展规划纲要[Z]．2021．

[18] 中华人民共和国国家质量监督检验检疫总局，中国国家标准化管理委员会．GB/T 36073—2018《数据管理能力成熟度评估模型》[S]．北京：中国标准出版社，2018．

[19] 靳永超，吴怀谷．基于Storm和Hadoop的大数据处理架构的研究[J]．现代计算机（专业版），2015（3）：9-12．

[20] 王艳雨，刘萍．基于云计算与物联网技术的数据挖掘分析[J]．科技创新与应用，2021，11（35）：94-97．

[21] 苗功勋，蔡力兵，周春龙．基于智能化分析的非结构化数据脱敏技术研究[J]．保密科学技术，2021（9）：23-31．

[22] 广东省林业局．广东省林业局政务信息化建设规划（2022—2025年）[Z]．2022．

[23] 国家市场监督管理总局，中国国家标准化管理委员会．GB/T 22239—2019《信息安全技术 网络安全等级保护基本要求》[S]．北京：中国标准出版社，2019．